KB106427

노벨상으로 본 과학과 창의성

노벨상으로 본 과학과 창의성

발행일 2018년 4월 6일

지은이 최 완 섭, 이 영 미
펴낸이 손 형 국
펴낸곳 (주)북랩
편집인 선일영
편집 권혁신, 오경진, 최예은, 최승헌
디자인 이현수, 허지혜, 김민하, 한수희, 김윤주
제작 박기성, 황동현, 구성우, 정성배
마케팅 김회란, 박진관, 유한호
출판등록 2004. 12. 1(제2012-000051호)
주소 서울시 금천구 가산디지털 1로 168, 우림라이온스밸리 B동 B113, 114호
홈페이지 www.book.co.kr
전화번호 (02)2026-5777 팩스 (02)2026-5747

ISBN 979-11-6299-054-4 03550(종이책) 979-11-6299-055-1 05550(전자책)

이 도서의 국립중앙도서관 출판예정도서목록(CIP)은 서지정보유통지원시스템 홈페이지(http://seoji.nl.go.kr)와 국가자료공동목록시스템(http://www.nl.go.kr/kolisnet)에서 이용하실 수 있습니다.

세상을 바꾼
노벨 과학상 수상자 100인의
놀라운 연구성과와
알려지지 않은 이야기들

노벨상으로 본 과학과 창의성

최완섭·이영미 지음

창의적인 생각을 통하여 이룬
인류사의 위대한 업적 100선!

북랩 book Lab

과학적 탐구의 산물로 가득 찬 현대사회에서 현대과학에 대한 올바른 이해와 과학적 소양인 창의성은 인문학적 소양인 상상력 이상으로 중요한 요소이다. 이를 위하여 이 책은 1970년대부터 최근까지 노벨 생리의학상, 화학상, 물리학상 등을 수상한 수상자 100인의 연구 내용을 누구나 이해할 수 있도록 쉽게 설명하였다.

필자는 여러 학술 행사에서 후버, 킵손, 카지타, 나카무라, 코스털리치, 그로스, 스무트, 후프트 등 20여 명의 노벨상 수상자의 연구에 대한 이야기를 접할 수 있었다. 또한, 노벨상 수상자와 개인적인 대화를 통해 그들의 연구에 더 깊은 관심을 가지게 되었고 이를 계기로 이 책을 구상하게 되었다. 또한, 이 책을 쓰는 동안 노벨상 수상자의 생각과 열정을 간접적으로 경험할 수 있는 좋은 기회를 가질 수 있어서 매우 행복한 시간이었다.

그들의 이야기 속에는 우연히 다른 과학자의 논문을 읽다가, 지도 교수와 연구를 하다 또는 의도하지 않은 실험 결과 등을 통하여 훌륭한 성과를 이끌어 낸 재미있는 이야기가 포함되어 있다. 그러나 뉴턴이 성공 비결을 묻는 이들에게 "거인의 어깨 위에 올라서서 더 넓은 시야를 가지고 더 멀리 볼 수 있었기 때문"이라고 말한 것처럼 이 책에는 수상자들의 거인의 어깨인 자유로운 상상력을 바탕으로 반짝이는 아이디어를 생각해내는 창의성 등에 대한 재미있는 이야기도 포함하고 있다.

이 책이 필자와 같은 행복감을 느끼는 계기가 되고 읽는 이들의 거인의 어깨가 되길 바라며 다시 한 번 노벨상 수상자들에게 깊은 존경을 표한다.

2018년 3월

최완섭, 이영미

차례

머리말 … 4

선천적 면역반응
면역 … 11
TLR … 12

텔로미어와 텔로머레이스
텔로미어 … 15
텔로머레이스 … 16

면역결핍 바이러스
바이러스 … 20
레트로 바이러스 … 21

유전자 주입
유전자 변형 … 25
배아 줄기세포 … 26

RNA 간섭
유전자 조작 … 29
메신저 RNA … 30

세포 주기의 조절 인자
세포 주기 … 34
인산화 효소 … 35

산화질소와 심혈관 질환
내피세포 … 39
산화질소 … 40

면역방어 체계의 특이성
혈액 … 44
면역 특이성 … 45

초기 배아의 유전적 조절
초기 배아 … 49
혹스(Hox) 유전자 … 50

가역적인 단백질 인산화
단백질 … 53
단백질 인산화 … 54

세포의 정보교환
세포 … 58
이온 채널 … 59

암을 유발하는 종양 유전자
악성 종양 … 62
분자 식별자 … 63

시각정보화 과정
뇌 … 66
미세전극 … 67

초고해상도 형광 현미경
광학 현미경 … 70
형광 현미경 … 72

다중 척도 모델
현대 화학 … 75
QM/MM … 77

G-단백질 결합 수용체
수용체 … 80
아드레날린 수용체 … 81

리보솜의 구조와 기능
유전 정보의 보관 … 84
리보솜 … 85

녹색 형광 단백질의 발견
형광 해파리 … 88
형광 꼬마선충 … 89

유비퀴틴에 의한 단백질 분해
단백질 분해 … 92
유비퀴틴 … 93

세포막의 물 통로
이온 통로 구조 … 96
물 통로 … 98

단백질의 3차원 구조
핵자기 공명 분광법 … 101
단백질의 구조 … 102

ATP 합성효소 구조
ATP … 106
ATP 합성효소 … 108

오존의 생성과 분해
오존 … 111
오존 구멍 … 112

광합성 단백질 구조
광합성 … 116
단백질 복합체 … 117

중성미자 진동
중성미자 … 120
중성미자 검출 … 121

청색 발광 다이오드
발광 다이오드 … 124
청색 LED … 125

개별 양자계의 측정
양자 상태 … 129
양자 중첩 … 130

우주의 가속 팽창
우주론의 변화 … 133
SN1a 초신성 … 134

거대 자기저항
하드디스크 … 137
GMR … 139

우주 배경복사
빅뱅 … 142
미세한 온도 차이 … 143

레이저 정밀분광학
모드 잠김 … 147
광주파수 빗 … 148

강력이론과 점근적 자유성
네 가지 기본 힘 … 151
점근적 자유성 … 153

^{3}He의 초유체성
동일한 바닥 양자 상태 … 156
초유체성의 이해 … 157

반도체 헤테로 구조
반도체 … 160
이종접합 구조 반도체 … 161

양자역학적 전자약력
전자약력의 통일 … 164
자발적 대칭성 깨짐 … 165

양자 유체
양자 홀 효과 … 169
분수양자 홀 효과 … 171

레이저 원자 냉각
원자 포획 … 174
도플러 냉각 … 175

^{3}He의 초유체성 발견
초유체 … 179
^{3}He의 초유체성 관찰 … 180

타우 입자
물질을 구성하는 입자 … 184
타우 입자의 발견 … 185

다중선 입자 검출기
기본 입자의 탐구 도구 … 189
거품 상자의 보완 … 190

쿼크의 발견
원자의 이해 … 194
원자 모형의 위기 … 196

중성미자
유령입자 … 199
수수께끼의 입자 … 200

고온 초전도체
초전도체 … 204
세라믹 초전도체 … 205

전자약력
전자기력과 약력 … 208
W입자와 Z입자의 발견 … 210

우주 대폭발 잔해
대폭발 … 213
대폭발의 잔해 … 214

새로운 소립자
기본 입자 … 217
J/Psi 입자 … 218

양자 터널 효과
터널링 효과 … 221
반도체 초전도체의 터널 효과 … 223

참고 사이트 … 225

선천적 면역반응

브루스 보이틀러*Bruce Beutler*

면역

우리는 지하철에서 보내는 단 몇 분의 시간에도 수많은 박테리아, 바이러스, 균류, 기생충 등의 병원성 미생물이 지속적으로 위협하는 위험한 세상에 노출되어 있다. 병원균이 우리 몸을 공격하면 우리의 면역체계가 방어하게 된다. 면역체계는 1차적으로 세균이나 바이러스에 저항하는 선천성 면역과, 선천성 면역이 효과를 보지 못했을 경우 가동되는 후천성(적응) 면역으로 크게 구별할 수 있다.

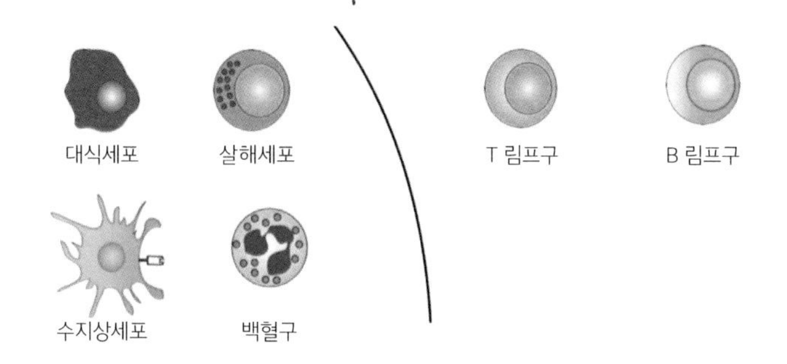

선천성 면역은 우리가 태어나자마자 가지고 있는 면역으로, 세균이 인체에 침투했을 때 식균세포(수지상세포, 백혈구, 대식세포)나 살해세포를 이용하여 즉각 병원균의 공격을 막는다. 만약 체내에 침입한 미생물들이 일차 방어선을 뚫고 나가면, 후천성 면역이 활성화된다.

후천성 면역은 면역 기억을 통해 차후 동일한 미생물이 침입할 때, T림프구(T cell)는 B림프구(B cell)가 감염 조직으로 이동하여 병원균의 공격을 막거나 항원 특이적 항체를 만들도록 돕는다. 후천성 면역 과정 중에 일부 T림프구와 B림프구는 기억세포 형태로 분화되기 때문에, 나중에 같은 병원균에 의해 다시 감염될 때는 일차 감염 때보다 빠르고 효율적인 후천성 면역이 일어나게 된다.

TLR

면역에 대한 초기의 연구들은 후천성 면역에 초점을 맞추고 진행되어왔다. 그러나 1989년 제인웨이(Janeway)는 선천성 면역이 제대로 작동하지 못하면 초기 방어에 문제가 생기고, 후천성 면역도 효과적으로 작용하지 않는다고 주장했다. 이를 통해 과학자들 사이에 선천성 면역에 대한 관심이 생겨나, 선천적 면역반응 과정과 후천적 면역 사이의 연결에 대한 연구가 시작되었다. 대표적인 사례로 호프만(Hoffmann)과 보이틀러(Beutler)의 연구가 있다.

호프만은 인간과 비슷한 선천성 면역을 가지고 있으나 후천성 면역을 가지고 있지 않은 초파리를 이용하여 선천적 면역에 대한 연구를 했다. 1992년 호프만은 초파리의 생김새를 결정하는 톨(Toll) 유전자에 돌연변이를 일으킨 초파리는 곰팡이(Aspergillus fumigates)에 감염되면 죽는다는 것을 밝혀냈다. 그의 연구를 통해 선천성 면역에 Toll 수용체가 감염 감지에 중요한 역할을 한다는 것을 알게 되었다.

보이틀러는 살모넬라 티피무륨(Salmonella typhimurium)에 감염되었을 때 발병하는 장티푸스 환자에게 나타나는 항체 반응(패혈성 쇼크)에 대한 연구를 하고 있었다. 1998년 그는 패혈증을 유발한 쥐의 게놈을 비교해본 결과, 한 유전자가 쇼크 반응을 일으킨다는 사실을 밝혀냈다. 그는 이 유전자가 병원균을 직접 인식한다는 사실을 알게 되었고, 이 유전자를 TLR(Toll Like Receptor, TLR)이라 했다. 추후 연구를 통해 과학자들은 보이틀러의 TLR이 호프만의 톨(Toll)에 해당하는 부분이라는 것을 밝혀냈다.

이들의 연구를 통해, 우리 몸에 병원체가 침입하면 가장 먼저 세포 입구에 있는 TLR과 결합하게 되는데, 백혈구는 결합된 병원체를 곧바로 흡입하여 몸 안에 있는 미생물들과 최초의 전쟁을 벌인다는 사실이 밝혀졌다. 좀 더 자세히 설명하면, 병원체에는 병원균임을 알리는 단백질이 붙어 있고, 식균세포에는 TLR이라 불리는 단백질 감지기가 있는데, TLR이 병원체 단백질을 감지하면 선천성 면역계에 병원균이 들어왔다는 경보를 울리게 된다. 그 결과 인간의 몸에서 가장 먼저 발생하는 것이 염증반응이다. 열이 나거나 몸살 기운을 느끼는 것은 병원체의 침입을 알리는 초기 면역반응이라고 할 수 있다.

이들의 연구를 통해 선천성 면역반응 과정이 병원체 침입을 알리는 발달된 신호전달 체계에 의해 조절된다는 것이 밝혀졌다. 또한, 이 연구는 세계적으로 확산되고 있는 장기이식 수술 시 발생하는 이들의 면역거부 반응을 해결할 수 있는 실마리를 제공했다.

텔로미어와 텔로머레이스

엘리자베스 블랙번*Elizabeth Blackburn*

텔로미어

1960년까지 과학자들은 척추동물의 세포를 시험관 내에서 키우면 영원히 죽지 않고 분열한다고 믿었다. 그러나 1961년 헤이플릭(Hayflick)은 사람의 정상 세포를 키웠는데, 그 어떤 방법으로도 세포를 영원히 자라게 할 수 없었고, 마치 세포가 분열 회수를 기억하고 있는 것 같은 현상을 관찰했다. 그는 이 연구를 바탕으로 세포의 수명이 끝날 때까지 DNA의 일부는 DNA 복제 시 계속 소실될 것이라는 가설을 세웠다. 왓슨도 1970년, 세포가 분열을 반복하다 보면 DNA의 일부분은 복사되지 않아, 세포분열이 지속될수록 염색체가 짧아져야 된다고 DNA 복제 문제를 제시했다. 세포분열을 통해 염색체가 짧아진다는 사실은 세대가 거듭될수록 우리의 유전 정보가 없어진다는 것을 의미한다. 그런데 실제로는 세대가 거듭된다고 해서 유전 정보가 없어지지는 않아서, 기존의 DNA 복제 이론을 보완해야 할 필요가 생겼다.

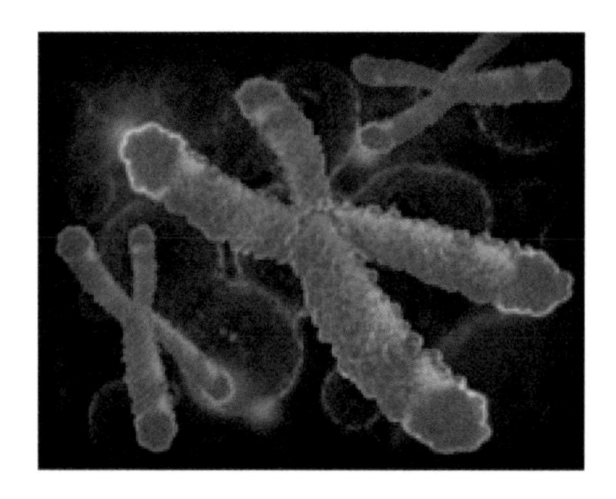

1938년 뮬러(Muller), 1939년 매클린톡(McClintock)은 염색체의 끝부분에 존재하는 반복적 염기서열의 존재를 제안했다. 매클린톡은 현미경을 통해 염색체의 끝부분이 제거된 염색체는 세포분열 과정에서 DNA를 복제하지 못하고 서로 엉겨붙는 현상을 관찰했다. 또한, 그는 염색체의 끝부분이 다른 부분들과 달리 특이하고 매우 안정되어 있다는 것을 관찰했다. 비슷한 현상을 관찰한 뮬러는 그리스어로 끝부분을 의미하는 텔로미어(Telomere)라는 어원을 제안했다. 이들의 텔로미어 발견으로 과학자들은 세포분열 시 유전 정보가 없어지지 않고 안정된 형태를 유지하는 이유가 텔로미어 때문일 거라고 생각하게 되었다. 하지만 풀리지 않는 의문점은 '텔로미어의 유전자 구조가 왜 다른 부분과 특이하게 다르며, 이것들의 실질적인 기능은 무엇일까?'하는 것이었다.

텔로머레이스

블랙번(Blackburn) 등은 단세포 동물인 테트라하이메나(Tetrahymena)의 텔로미어 기능을 연구하고 있었다. 테트라하이메나는 다른 생명체와 달리 크고 작은 2개의 핵이 있다. 큰 핵은 단백질을 만드는 역할, 작은 핵은 유전 정보를 저장하는 역할을 한다. 테트라하이메나의 큰 핵은 수시로 작은 염색체로 갈라지기 때문에 염색체를 연구하기에 적합하다.

1978년 블랙번 등은 테트라하이메나의 텔로미어를 분석해서, 특정서열(CCCCAA')이 계속 반복되는 형태로 반복 정도가 일정치 않다는 사실을 관찰했다. 이를 바탕으로 그들은 텔로미어가 유전 정보가 담긴 DNA를 끝까지 복제되도록 보호하는 역할을 한다는 가설을 세우고, 이를 확인하는 실험을 했다. 블랙번 등은 인공적으로 DNA 단일 가닥(미니 염색체)을 만들어 이스트에 넣자 쉽게 분해되고, 미니 염색체 양 끝에 테트라하이메나 DNA에서 분리한 염기서열 CCCCAA가 반복된 DNA 조각을 붙여 이스트에 넣자 쉽게 분해되지 않는다는 것을 관찰했다. 이 실험을 통해 그들은 텔로미어가 DNA를 보호하는 역할을 한다는 사실을 확인했다.

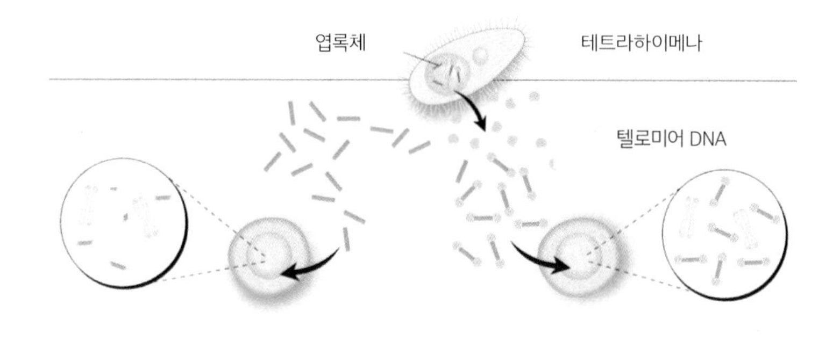

텔로미어가 안정한 이유에 대해서 그레이더(Greider)는 1984년, 텔로미어에 길이를 신장시키는 특별한 효소가 있다는 가설을 세웠다. 그는 실험을 통해 텔로미어의 반복 염기서열 구조를 신장시키는 효소를 확인하고, 이를 텔로머레이스(Telomerase)라고 했다. 그러나 그레이더는 실험으로 텔로머레이스의 존재와 기능까지는 알아냈지만, 작용과 구조는 밝혀내지 못했다.

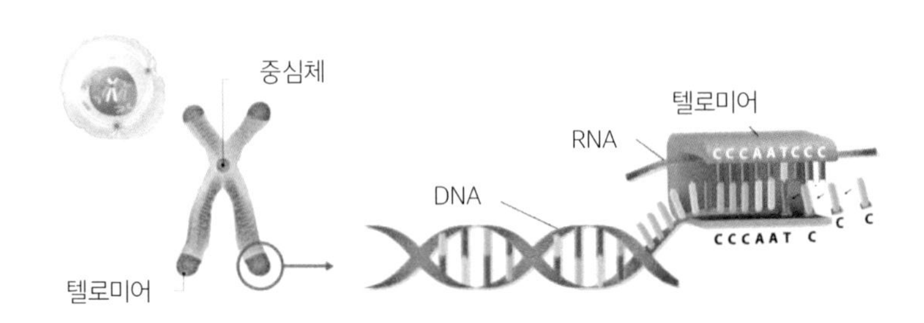

1987년 블랙번 등은 텔로머레이스가 RNA와 단백질로 구성되어 있다는 것을 알아냈다. 그 후 추가적인 실험을 통해 1989년, 텔로머레이스 RNA에는 텔로미어의 반복 염기서열과 상보적인 염기서열이 포함되어 있다는 것을 관찰했다. 이를 통해 과학자들은 텔로머레이스의 RNA 분자가 텔로미어 복제에 관여한다는 것을 이해하게 되었다. 따라서 텔로머레이스를 이용한 항암제 개발과 일부 유전적인 질병들에 대한 치료에 텔로머레이스를 주목하게 되었다.

면역결핍 바이러스

생리의학상
(2008)

바레 시누시*Barré-Sinoussi*

바이러스

바이러스는 박테리아와 동물을 포함하여 식물에서 미생물에 이르기까지, 모든 종류의 살아 있는 세포 안에서만 생명 활동을 하는 감염원이다. 크기는 인간 세포보다 1,000배 작다. 살아 있는 세포를 통해서만 번식하는 특성 때문에 바이러스는 상대적으로 연구하기 어려웠다. 그러나 1900년대 초 페트리 접시에서 자라는 세포층에서 바이러스를 배양하는 세포배양 방법을 개발함으로써 지금은 바이러스에 대한 연구가 예전에 비해 상대적으로 쉬워졌다.

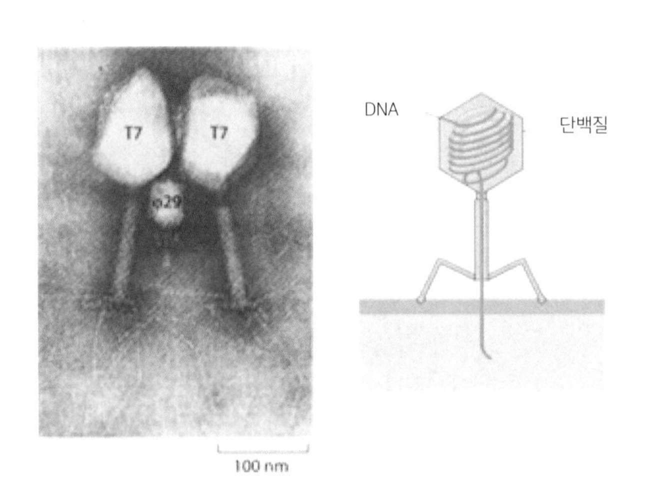

바이러스는 유전자 정보가 담긴 핵산을 단백질 껍질이 둘러싼 간단한 구조로서, 자신을 복제하는 데 필요한 효소가 없다. 바이러스는 통상적인 세포 구조를 가지고 있지 않기 때문에, 발견 초기에는 바이러스가 생물이냐 무생물이냐 하는 논쟁이 있었다. 그러나 지금은 생물과 무생물의 특징을 동시에 가지고 있기 때문에, 생물과 무생물의 중간 단계로 분류하는 것이 통상적이다.

바이러스는 기생하지 않을 때는 생물체의 기능을 전혀 하지 않고 결정 상태로 추출할 수도 있는 분자 덩어리이다. 하지만 숙주 세포에 침투하면 자신의 유전 정보를 복제하며 급속히 번식한다. 따라서 바이러스는 숙주의 종류에 따라서 식물 바이러스, 동물 바이러스 및 세균 바이러스, 또는 핵산의 종류에 따라 DNA 바이러스, RNA 바이러스로 나누기도 한다.

레트로 바이러스

에이즈는 바이러스에 감염되어 나타나는 결과이다. 이 바이러스가 어떻게 발생했고 어떤 경로를 거쳐 지금처럼 인간에게 치명적인 결과를 가져오게 되었는지에 대해서는 아직까지 확실하게 밝혀진 바가 없다. 1981년 에이즈 첫 환자가 미국 의학계에 공식적으로 보고되었다. 당시 세계 각국에서 원인을 알 수 없는 바이러스가 혈우병 환자와 동성연애자 사이에서 발견됐다. 괴질로 알려진 이 질병으로 인해 환자는 면역기능을 상실하여 질병으로 사망하기까지 이르렀다. 전 세계는 알 수 없는 이 질병으로 인해 공포에 빠졌다.

1981년 첫 환자가 발생하고, 2년 후인 1983년에 바레 시누시(Barré-Sinoussi) 등은 괴질에 걸린 환자들에게서 초기에 공통으로 나타나는 림프절의 이상 증대 증상에 주목했다. 그들은 환자의 림프절에서 분리한 림프구 세포의 배양세포에서 역전사 효소(Reverse Transcriptase, RT)의 활성과, 배양조직에서 기존에 알려진 레트로 바이러스(자신의 유전 암호를 숙주의 DNA에 복사하는 바이러스)와 형태가 비슷한 바이러스를 발견했다. 역전사 효소는 레트로 바이러스가 가지고 있는 효소로서, 면역결핍 환자의 림프구 세포가 레트로 바이러스에 감염됐다는 결정적인 증거였다.

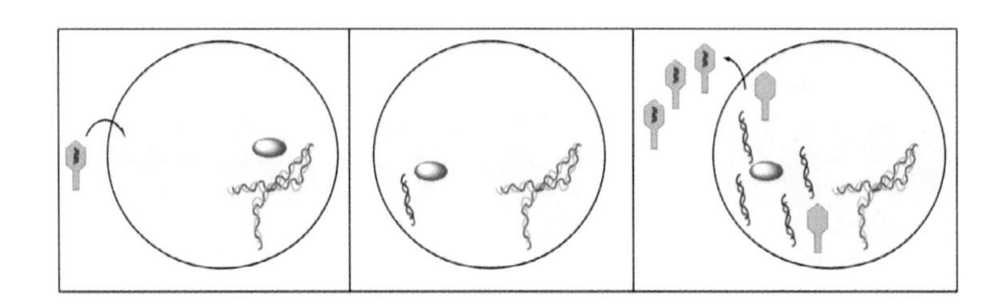

바레 시누시 등은 이 연구를 통해 에이즈를 일으키는 병원체(Human Immunodeficiency Virus, HIV)를 처음으로 혈액에서 분리했다. 이를 통해 HIV는 일반 유전 정보 전달 방식과 반대인 역전사 방식을 통해 번식한다는 점, 그리고 대량 바이러스 복제를 통해 임파구 세포를 손상시켜 면역 시스템을 파괴한다는 특성을 찾아냈다. 처음 발견된 특정 질환의 원인을 불과 2년 만에 명확하게 규명한 사례는 드문 일인데, 이처럼 단기간에 밝힌 것은 과학계의 쾌거였다.

이들의 연구에는 레트로 바이러스를 발견한 갤로(Gallo)의 도움이 컸다. 갤로의 연구가 있기 전까지 모든 과학자들은 사람이 레트로 바이러스에 감염되지 않는다고 믿었다. 따라서 갤로의 선행 연구가 없었다면, 아마도 바레 시누시 등도 레트로 바이러스의 인체 감염

가능성을 생각하지 않아 HIV를 발견하기 쉽지 않았을지 모른다. 바레 시누시 등의 연구는 HIV의 증식을 억제할 수 있는 항바이러스제의 개발을 용이하게 했다. 그래서 에이즈에 감염되더라도, 10년 이상 조절하면서 생명에 큰 지장 없이 살 수 있게 했다. 바레 시누시 등이 HIV를 발견하지 못했다면, 항바이러스제도 개발할 수 없었을 것이다.

유전자 주입

생리의학상
(2007)

마틴 에반스*Martin Evans*

유전자 변형

최근 인공지능을 활용한 유전자 가위의 발달을 통해서, 특정 유전자를 결정하면 컴퓨터가 정확히 찾아 제거하거나 넣어줄 수 있게 되었다. 이로 인해 변형시킨 목표 유전자를 배양된 세포 각각의 정확한 위치에 삽입하는 방법이 가능해졌다. 그러나 우리 몸을 이루는 60조 개의 모든 세포가 완전한 유전자를 가지고 있기 때문에, 특정 유전자를 변형시키기 위해서는 우리 몸의 모든 세포에서 동일한 유전자 변형을 일으켜야 한다. 이는 불가능한 일이었고, 과학자들은 이 문제를 줄기세포가 해결할 수 있다는 생각을 하게 되었다.

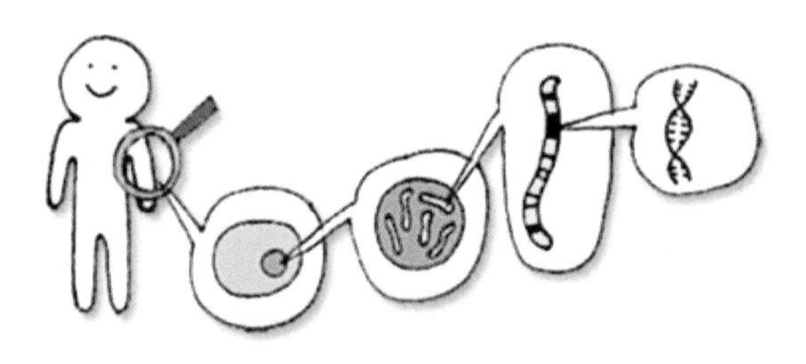

줄기세포는 인체에 존재하는 모든 세포의 기원이 되는 세포로서, 인체의 모든 종류의 세포와 조직으로 분화될 수 있다. 즉 인체 여러 조직의 세포로 분화할 수 있는 다분화 가능 세포를 줄기세포라고 한다. 줄기세포는 크게 배아 줄기세포와 성체 줄기세포로 나눈다. 배아 줄기세포는 인간의 정자와 난자의 수정으로 생성된 수정란(배반포)에서 유래된 줄기세포이고, 성체 줄기세포는 인간의 여러 장기 및 기관에 존재하고 있는 줄기세포이다.

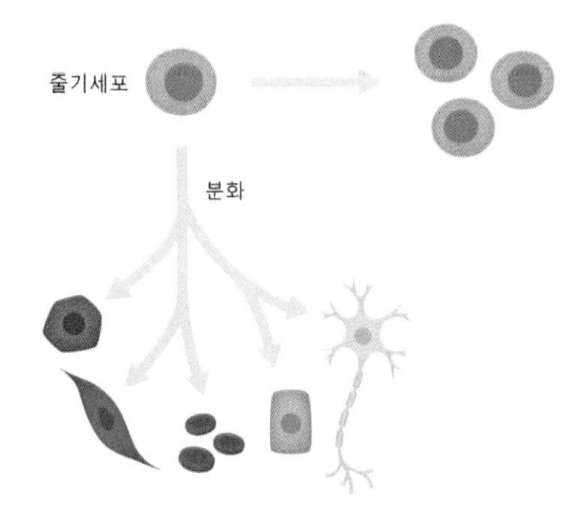

배아 줄기세포

막시모프(Maksimov)는 1908년 혈액에 대한 연구를 하던 중, 림프구가 혈액을 타고 순환하다가 적절한 상황이 되면 다시 다양한 세포로의 분화를 시작할 수 있다는 논문을 발표했다. 그로써 줄기세포의 존재를 처음으로 가정했다. 일종의 성체 줄기세포(stem cell)를 가정한 그의 가설은 당시의 과학자들 사이에서 무시당했다. 1961년 조혈모세포를 연구하던 맥컬럭(McCulloch)과 틸(Till)은 치사량의 방사선에 노출되어 골수 결핍으로 고통 받는 쥐에게 정상 골수세포를 주사하자, 골수 결핍증이 회복되는 것을 관찰했다. 이 연구 결과를 통해 성체 줄기세포의 존재가 처음으로 관찰되었다.

1981년 에반스(Evans)는 인간의 유전자와 매우 유사한 유전자를 가지고 있는 쥐의 배아 줄기세포를 최초로 발견했다. 에반스는 이를 이용하여 멘델의 법칙에 따른 완벽한 유전자 조작 쥐를 만들 수 있었다.

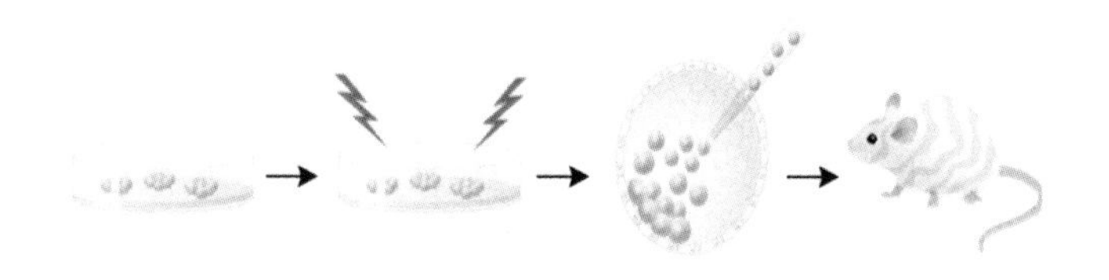

유전자 조작 쥐를 만들기 위해서 1차로 수정 후 분열이 시작되고, 2~3일이 지나면 배반포가 형성되는데, 배반포 내 배아 줄기세포를 추출하여 배양했다. 2차로 배양된 배아 줄기세포에, 특정 유전자를 제거하고 인위적으로 기능을 상실시킨 유전자를 삽입하는 유전자 조작을 했다. 3차로 조작된 유전자를 갖고 있는 배아 줄기세포 8~12개를 배반포에 주입한 후, 정상인 암컷 쥐의 자궁에 이식하여 일부 유전자가 변형된 2세가 태어나게 했다. 4차로 유전자가 변형된 2세를 교배했다.

이들의 연구는 특정 질환 유발 유전자로 의심되는 경우 그 유전자가 제거된 쥐를 만든 뒤, 실제로 그 질환이 억제되는지를 확인할 수 있게 했다. 즉, 특정 유전자의 생체 내 실제 기능을 알 수 있게 된 것이다. 따라서 이 기술을 이용하면, 사람의 유전자 치료뿐만 아니라 다양한 질환의 치료법을 연구하는 데 이용할 수 있다. 현재는 한 해 1천 건 이상의 유전자 조작 쥐를 이용한 심장혈관 질환, 퇴행성 신경 질환, 당뇨병, 암 등에 대한 연구 논문이 발표되고 있다.

RNA 간섭

생리의학상
(2006)

크릭 멜로*Craig Mello*

유전자 조작

DNA, RNA와 단백질은 생명 현상을 이야기할 때 빼놓을 수 없는 핵심 물질이다. DNA는 골격 안쪽에 4가지 종류(A, T, G, C)의 염기가 서로 쌍을 이루며 배열돼 있는 이중나선 구조이다. 사람의 몸에 들어 있는 60조 개의 세포 하나하나에는 30억 개의 염기쌍이 23개의 염색체에 나누어져 들어 있다. DNA상에서 하나의 RNA를 만드는 단위를 유전자라고 부르는데, DNA 구조를 밝힌 크릭(Craig)은 1958년 DNA에 담긴 유전 정보가 RNA를 거쳐 단백질로 발현된다는 중심 원리를 제안했다. 이 원리에 따르면, RNA는 유전 정보의 발현 과정을 매개하는 역할을 담당한다.

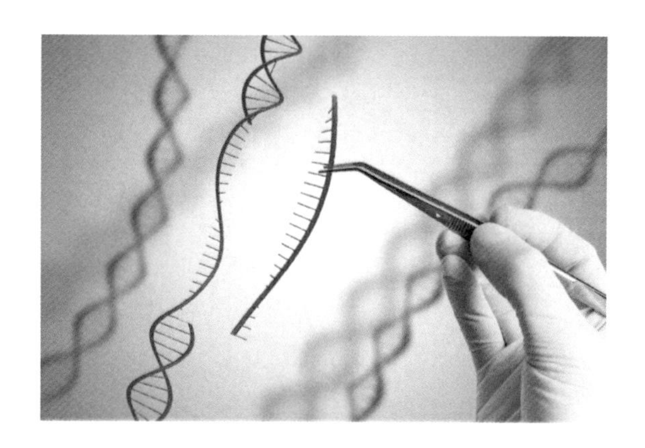

보통 50개 이상의 아미노산들이 한 줄로 연결되어 있는 단백질은 대사를 빠르게 해주는 효소, DNA 복제, 외부 자극들에 대한 반응, 물질 수송, 세포 구조물 등 세포의 거의 모든 골격과 활동을 담당한

다. 왓슨과 크릭이 유전자를 발견한 이래 과학자들은 '인간이 어떻게 형성되었는가?'하는 연구를 통해 신경세포, 혈액세포, 근육세포 등이 줄기세포에서 분화되어 나왔다는 것을 알게 되었다. 또한, 모든 유전정보들은 바로 우리의 유전자에 저장되어 있고 유전정보에 의해 신경세포는 신경세포의 기능을, 근육세포는 근육세포의 기능을 수행하고 있다는 것도 알게 되었다.

따라서 과학자들은 실질적인 목적으로 유전 정보를 활용할 수 있을 만큼 유전 정보에 대해 충분히 알고 있다고 생각했다. 그러나 한 가닥의 RNA를 주입해서 동물의 유전자 발현을 억제하려 했지만, 그들이 원하는 결과를 얻을 수 없었다. 이를 통해 과학자들은 DNA로부터 단백질로 정보가 전해지는 과정에 우리가 지금까지 알지 못했던 어떤 조절 단계가 있는 것이 아닐까? 하는 생각을 하게 되었다.

메신저 RNA

멜로(Mello) 등은 RNA 주입을 이용하여 꼬마선충(Caenorhabditis. elegans)의 유전자 발현을 억제(RNA 간섭 현상)하기 위한 연구를 수행하고 있었다. 꼬마선충은 크기가 1㎜이며 1,000여 개의 세포를 가지고 있는 암수 한 몸인 자웅동체다. 또한, 난자가 수정해서 배아를 형성한 후 4단계의 유충기를 거쳐 3일 만에 성체가 되는데, 성체 초기 3일 동안 300개의 수정란을 가질 수 있기 때문에 연구에 적절했다.

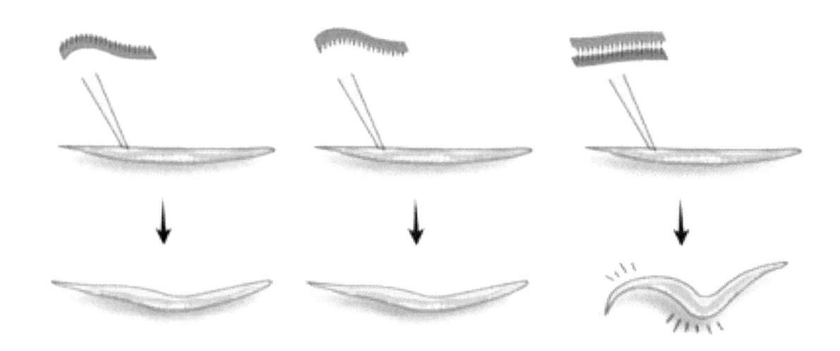

멜로 등은 꼬마선충의 RNA를 한 가닥을 주입하여 RNA 간섭 현상을 관찰하려 했다. 하지만 간섭 현상이 나타나지 않았다. 그들은 여기서 멈추지 않고, 시험관에서 메신저 RNA(mRNA)와 mRNA의 거울상 RNA를 결합하여 이중나선을 형성하게 한 다음, 이중나선 RNA를 꼬마선충에 주입했다. 그러자 근육경련에 의해 몸체가 뒤틀리는 RNA 간섭 현상이 관찰되었다. RNA 간섭 현상을 통해 유전 정보가 DNA로부터 RNA로 복제되어 단백질이 생성되고, 이 단백질이 생명 현상에서 중요한 역할을 한다는 것이 밝혀졌다.

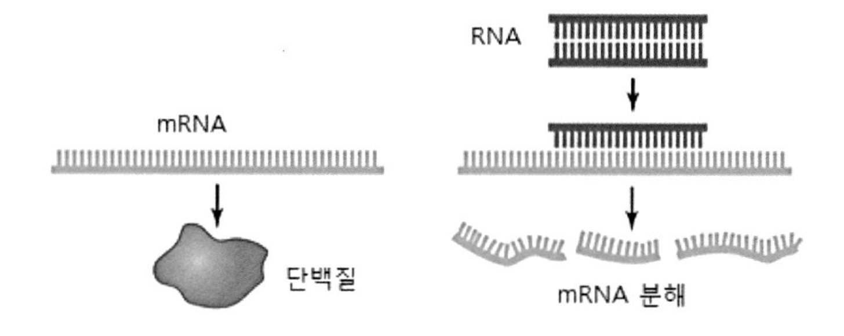

RNA 간섭 현상은 이중나선 구조의 RNA가 스몰 RNA(sRNA)로 전환된 뒤, 세포 내 DNA의 유전 정보를 단백질로 전달하는 매개체 역할을 하는 mRNA를 절단, 분해시키는 과정을 말한다. 즉, DNA가 단백질 생성을 지시하는 과정에서 전달자 역할을 하는 mRNA를 이중나선 구조의 RNA가 분해시킴으로써, 세포 안에서 특정 유전자가 단백질을 합성하는 것을 막는 역할을 하는 것을 의미한다.

멜로 등의 연구 이후 RNA 간섭 현상은 다른 연구팀에 의해 초파리 등에서도 보고되고, 2001년에는 인간 세포에서도 확인되었다. RNA 간섭의 발견과 응용으로 유전자 발현을 간단한 방법으로 조절할 수 있게 되어 연구 시간을 단축시키고, 인간과 같은 복잡한 생명체도 효과적으로 조작할 수 있게 되었다.

세포 주기의 조절 인자

생리의학상
(2001)

레런드 하트웰*Leland H. Hartwell*

세포 주기

지구상에 있는 모든 생명체들은 약 30억 년 전에 나타난 조상 세포에서 유래한다. 그때부터 세포분열은 끊임없이 이루어져왔다. 세포분열은 삶의 근본적인 세포가 두 개로 나뉘는 일련의 과정을 통해서 기존의 세포와 같은 세포를 계속 생산해내는 과정이다. 이 과정을 통해 인간을 비롯한 모든 동식물은 수조~수백조 개의 세포를 가진 성체로 성장하여, 초당 백만 개의 세포들이 분열하고 있다.

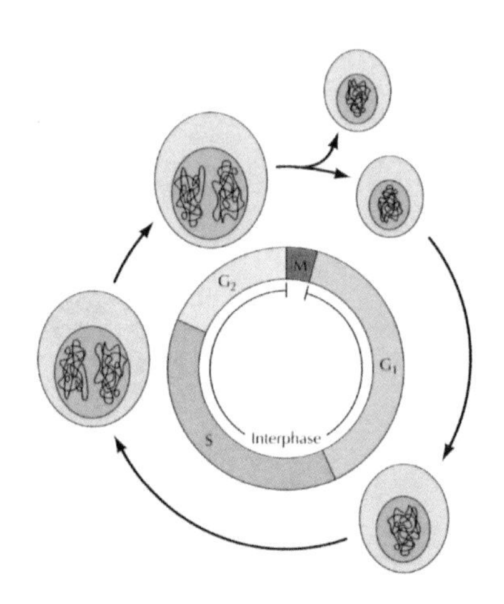

생명의 기본 단위인 세포는 성장과 분열을 통해 두 개의 딸세포를 형성하는데, 이 과정을 세포 주기(cell cycle)라고 한다. 세포는 세포 주기 안에서 성장하고, 염색체 안의 DNA 분자들을 복제하여, 두 개의 딸세포로 분열하게 된다. 세포 주기는 세포가 세포분열의 시작

여부를 결정하는 G1기, 유전 정보를 포함하는 염색체를 복제하는 S기, 충분한 크기로 성장하는 G2를 거쳐, 염색체와 세포질이 분리돼 두 개의 세포로 나뉘는 M기 등, 네 가지 단계로 구성되어 있다.

일반적으로 대부분의 포유동물 세포에서 한 세포 주기가 완성되는 데 걸리는 시간은 10~30시간 정도지만, 세포 유형에 따라 많은 차이가 있다. 만약 세포 주기의 모든 과정들이 순서대로 진행되지 않는다면 어떤 일이 벌어질까? 가장 쉽게 생각할 수 있는 부작용은 염색체 전체나 일부의 소실로 인해 두 딸세포 간에 염색체의 불균형이 초래되고, 따라서 염색체 이상이 나타날 것이다. 이런 염색체 이상은 암세포에서 종종 발견되는 현상이다. 따라서 정상적인 세포의 성장과 분열은 세포 주기에서 다음 단계로 넘어갈 수 있는지를 점검하여, 적절하지 않은 상태에서 다음 단계로 넘어가지 않도록 방지하는 시스템이 필요하다. 이를 세포 주기 조절 시스템이라고 한다.

인산화 효소

효모는 효모에서 새로 자라나오는 싹의 크기가 세포 주기에 따라 달라져, 세포 주기의 변화를 눈으로 쉽게 식별할 수 있는 장점이 있다. 따라서 세포 주기 조절 시스템에 대한 연구는 주로 효모를 모델로 세포분열 과정에 이상이 생긴 돌연변이를 찾고, 그에 해당하는 유전자를 분리해 규명하는 방법이 주를 이뤘다.

하트웰(Hartwell)은 1960년대부터 제빵 효모를 이용해 세포분열에 대한 연구를 시작했다. 효모는 새로 자라나오는 싹의 크기가 세포 주기에 따라 다르다. 그래서 세포 주기의 변화를 눈으로 쉽게 식별할 수 있어서 세포분열 연구에 적절했다.

효모는 섭씨 10도에서 37도 사이에서 세포 주기 단계에 따라 싹의 크기가 다르게 생장(A)한다. 10도보다 낮은 온도에서는 생장을 멈추고, 37도보다 높은 온도에서는 성장이 억제되어 큰 싹으로 균일(B)하게 되고, 섭씨 50도 이상이 되면 세포가 파괴되기 시작하는 특성을 가지고 있다.

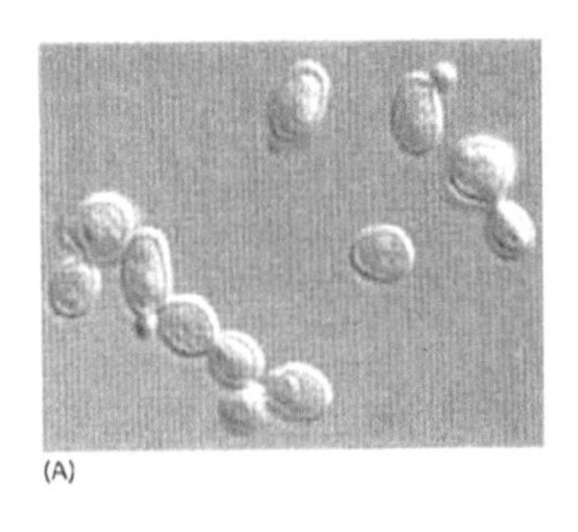
(A)

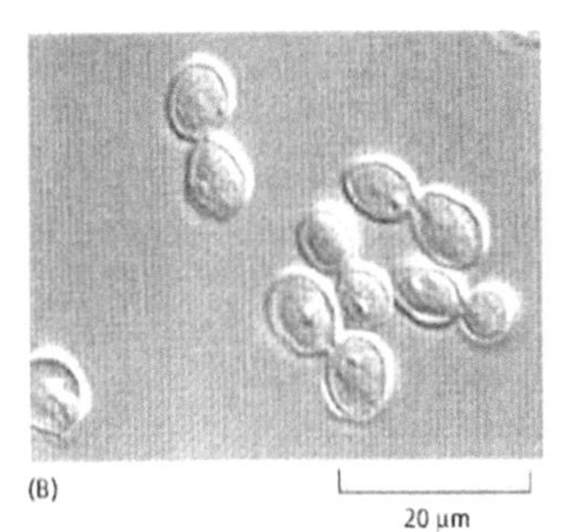
(B)

하트웰은 높은 온도에서 성장이 억제된 상태에서 돌연변이 유전자를 보유한 효모 세포를 추출, 분리했다. 그는 돌연변이 유전자를 보유한 효모 세포에서 세포분열 주기(Cell division cycle, Cdc)에 100여 개의 유전자가 관여한다는 사실을 관찰했다. 그는 이들 유전자 가운데 특히 세포분열의 첫 단계인 G1기를 인산화 효소(Cyclin-dependent kinase, Cdk)라는 유전자가 제어한다는 사실을 규명했다. 따라서 Cdk 유전자에 이상이 있는 세포는 세포 주기를 시작하지 못하고, 세포 주기 G1기의 출발 단계에 머물게 된다.

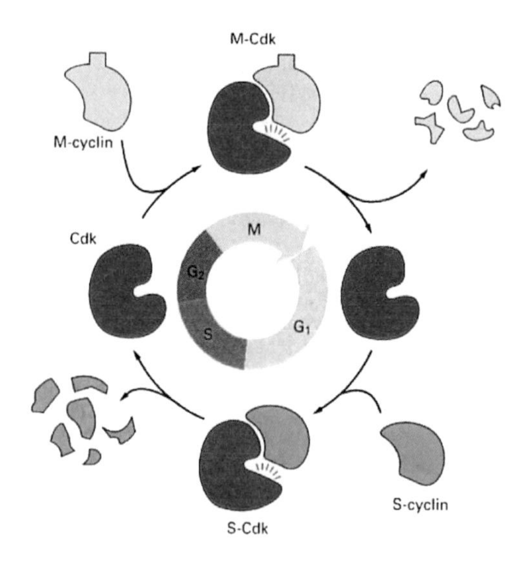

이 연구를 통해 세포분열을 조절하는 핵심 조절인자가 Cdk이며, 세포분열 주기의 각 단계마다 Cdk가 다른 사이클린(Cyclin)과 결합해 조절된다는 사실을 알게 되었다. 많은 암세포에서 Cdk나 사이클린의 기능이 향상되거나 이상이 있음이 발견된다. 이들의 기능을 정상으로 돌려놓을 수 있다면, 암세포의 무분별한 증식을 억제할 수 있다. 따라서 많은 Cdk 억제제들이 항암제로서 개발되고 있다.

산화질소와 심혈관 질환

생리의학상
(1998)

페리드 뮤라드*Ferid Murad*

내피세포

혈관은 혈관 내벽을 구성하는 한 층의 내피세포와 이를 둘러싸고 있는 여러 층의 평활근 세포로 구성되어 있다. 혈압은 평활근 세포가 수축하고 이완하는 정도에 따라 올라가거나 내려간다. 1970년대만 해도 과학자들은 혈관 내벽의 내피세포들이 수동적이고 보호적인 특성만 갖고 있다고 생각했다.

그러나 내피세포의 역할에 관심을 갖고 있던 퍼치고트(Furchgott)는 내피세포가 제거된 대동맥 조각과 내피세포가 완벽하게 존재하는 대동맥 조각을 이용한 샌드위치 실험법(sandwich experiment)을 이용하여 내피세포의 역할을 관찰했다. 그의 실험에 의하면, 내피세포가 제거된 대동맥 조각은 자극에 의한 수축 작용이 일어난 반면, 두 개의 조각을 붙여서 샌드위치 모델을 만들었을 때는 앞에서와 동일

한 자극에 대하여, 수축 작용이 아니라 오히려 이완 작용을 일으켰다. 즉, 혈관이완 요인(Endothelium-derived relaxing factor, EDRF)이 뜻밖에도 내피세포의 존재 여부에 따라 달라진다는 것이 관찰된 것이다.

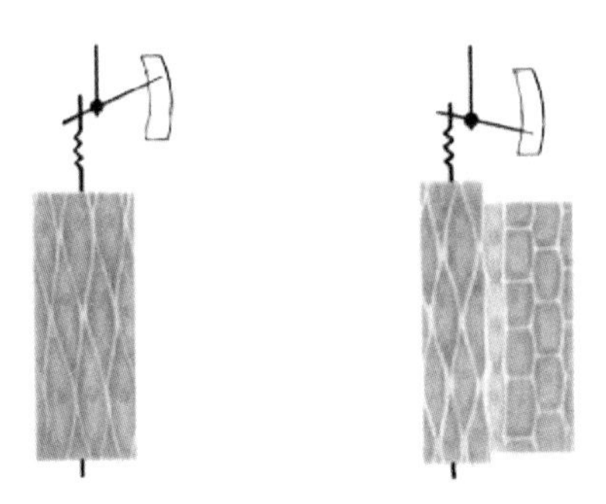

퍼치고트는 이 연구를 통해 내피세포로부터 어떤 미지의 물질, 즉 어떤 인자가 생성되고, 이것이 내피세포가 제거된 대동맥 조각에 수송됨으로써, 결국 이완작용이 야기된다는 생각을 했다. 그러나 혈관의 내피세포를 이완시키는 미지의 물질에 대한 연구는 이루어지지 않았다.

산화질소

노벨의 다이너마이트 공장에서 근무하던 노동자의 협심증 완화를 통해 니트로글리세린의 혈관확장 효과는 1870년대에 처음 발견되었다. 이후 실질적인 작용 원리를 모른 상태로 니트로글리세린은 협심증 치료제로 사용돼 왔다. 혈관의 내피세포를 이완시키는 물질에 대하여 연구하던 뮤라드(Murad)는 1977년 협심증에 대해 '내피세포로부터 생성되는 이산화질소가 세포막을 뚫고 나가 다른 세포로 이동하고 신호전달 물질로 작용하는 것은 아닐까?'라는 아주 중요한 생각을 하게 되었다. 뮤라드는 이런 생각을 알아보기 위해 1977년 소의 관상동맥을 가지고 실험했다. 소의 관상동맥에 순수 이산화질소를 주입하면 평활근이 이완되고, 이산화질소를 파괴하는 헤모글로빈을 추가하면 이완 효과가 차단되는 것을 발견했다. 또한, 이완이 시작되기 1~2초 전에 고리 형 구아노신 일인산(cyclic guanosine monophosphate, cGMP)이 증가하여, cGMP가 혈관 확장의 매개체 역할을 한다는 것을 발견했다. 그는 이 실험을 통해 호르몬이나 단백질이 아닌 이산화질소가 내피세포를 통과해서 신호전달을 일으켜 혈관 확장을 조절한다는 것을 처음으로 밝혔다.

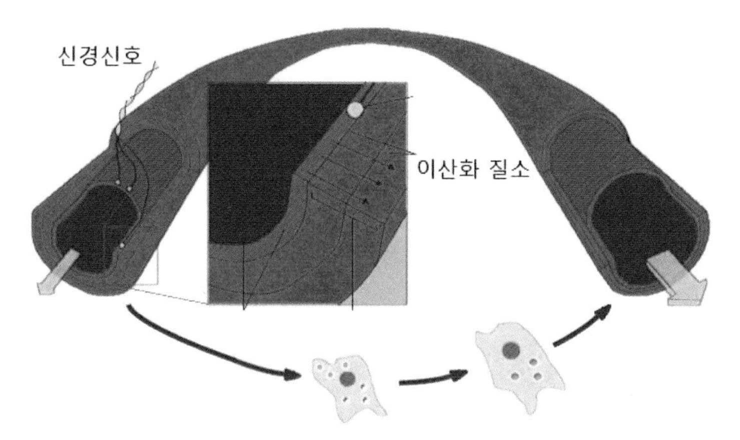

자동차 배기가스에 섞여 나와 지구 온실화의 주범으로 작용하는 게 일산화질소인데, 일산화질소가 인체에서는 오히려 심장혈관 체계에서 신호 전달물질로 작용한다는 점을 밝힌 것이다. 뮤라드의 연

구를 통해 협심증 치료제로 쓰이는 혈관 확장제인 니트로글리세린의 작용은 니트로글리세린에서 분리된 일산화질소의 역할이라는 점을 이해할 수 있게 되었다. 뿐만 아니라 이 발견을 이용한 심장폐질환의 치료 약물이 나오게 되었다.

산화질소는 나이가 많고 병약하고 활동이 적은 사람에 비해, 젊고 건강하고 운동을 좋아하는 사람에게서 더 많이 만들어진다. 태어나기 전 엄마 뱃속에서부터 13~14세까지 체내 산화질소의 양은 최대이며, 나이가 들면서 점점 줄어든다. 또 낮에는 식사 섭취와 신체 활동을 통해 산화질소가 충분히 생성되지만, 잠을 자는 밤에는 줄어든다.

면역방어 체계의 특이성

롤프 칭커나겔*Rolf Zinkernagel*

혈액

혈액은 몸 안의 세포에 산소와 영양소를 공급하고, 세포의 신진대사에 의해 발생하는 이산화탄소와 노폐물을 회수하여 운반하는 등의 역할을 하는 체액이다. 혈액은 결합 조직의 한 종류로서 액체 성분인 혈장과 구성 세포인 혈구로 이루어져 있다. 골수에서 생성되는 혈구에는 적혈구와 백혈구, 혈소판 등이 있으며, 백혈구는 1,000개의 적혈구 당 1개의 비율로 존재한다.

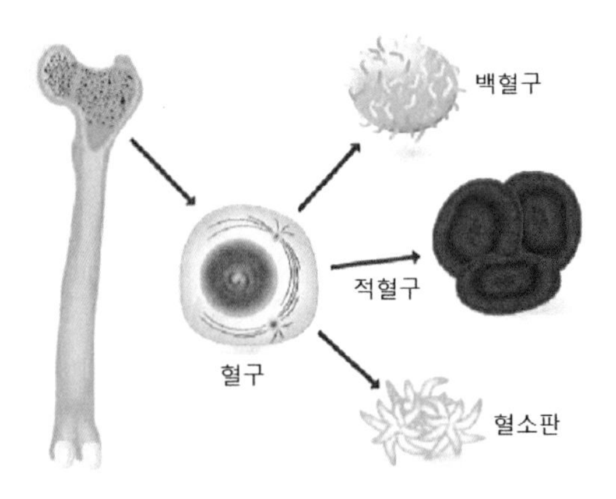

사람의 적혈구는 중앙이 오목한 원판 모양으로서 지름 약 8㎛, 두께는 중앙이 1㎛, 주변이 2㎛가량이다. 적혈구는 동물의 종류에 따라 모양이 조금씩 다르다. 적혈구의 주된 기능은, 산소를 생체의 조직으로 공급하고 이산화탄소를 교환 받아 폐로 돌아와, 이산화탄소를 배출하고 산소를 다시 교환 받는 것이다.

백혈구는 혈액 내에서 유일하게 핵과 세포기관을 가진 완전한 세포로서 지름이 9~15㎛ 가량의 구형이다. 백혈구는 감염이나 외부 물질에 대항하여 신체를 보호하는 면역 기능을 주로 수행한다. 예를 들면 질병에 대한 생체의 자기보호 면역체계라든지, 또는 조직의 염증 발생, 상처 부위의 치료 등이 백혈구와 관련되어 있다.

면역체계가 바이러스 감염과 싸우는 과정에서 감염 세포와 정상 세포를 구별하는 것은 매우 중요한 단계이다. 이 단계에서 킬러 T세포라고 부르는 분화한 백혈구가 정상 세포는 해치지 않고, 바이러스에 감염된 세포나 항원을 인식하여 공격하게 된다. 1960년에는 킬러 T세포들이 어떻게 감염되지 않은 정상 세포는 건드리지 않고 바이러스에 감염된 세포만 인식하고 죽일 수 있는지를 잘 알지 못했다.

면역 특이성

칭커나겔(Zinkernagel) 등은 림프구성 맥락수막염 바이러스(Lymphocytic Chorio Meningitis Virus, LCMV)에 감염되면 뇌세포가 치명적으로 파괴되는 원인을 알아내고자 했다. 그들은 킬러 T세포가 바이러스에 감염된 세포를 공격할 때 뇌세포에 해를 끼친다는 이론을 검증하기 위한 실험을 실시했다. 1973~1975년 그들은 우연히 유전적으로 동일한 혈통을 가진 쥐를 가지고 실험했다. 실험용 쥐에서 얻은 킬러 T세포와 쥐에서 얻은 바이러스에 감염된 세포를 섞어서 관찰한 결과, 킬러 T세포가 감염된 세포를 파괴한다는 사실을 발견했다. 그러나 실험용 쥐에서 얻은 킬러 T세포를 다른 혈통의 실험용 쥐에서 얻은 바이러스에 감염된 세포를 섞은 경우에는 킬러 T세포가 감염된 세포를 파괴하지 않았다. 킬러 T세포가 바이러스에 감염된 세포와 접촉하면 당장 그 세포를 공격할 것이라는 예상과는 다른 결과였다. 따라서 칭커나겔 등은 킬러 T세포가 바이러스를 인식하려면, 감염된 세포 표면에 다른 단백질이 존재해야 하는 게 아닐까 생각하게 되었다.

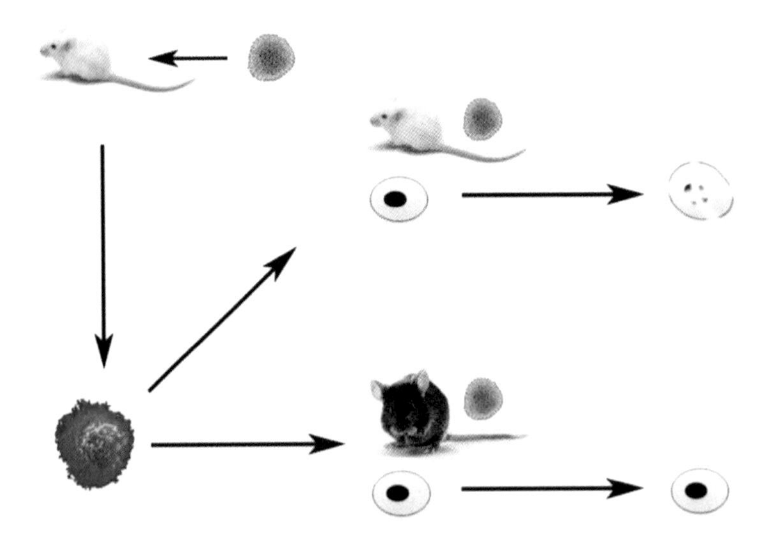

계속된 연구를 통해 킬러 T세포는 감염된 세포에서 2가지 신호를 인식해야 한다는 것을 알게 되었다. 하나는 외부 침입자, 즉 감염된 세포 안에 있는 바이러스의 신호였고, 또 하나는 주조직 적합 복합

체(Major Histocompatibility Complex, MHC)라고 불리는 단백질의 신호였다. 킬러 T세포는 단지 바이러스에 감염된 세포만을 찾는 것이 아니라, 처음 실험 대상으로 삼았던 쥐 혈통 특유의 MHC도 찾는다는 것을 관찰했다. 따라서 킬러 T세포는 다른 혈통의 쥐가 가진 MHC 항원을 인식하지 못해 어떤 면역반응도 일어나지 않았다.

이들은 연구를 통해 개개인의 면역 시스템이 각각의 특이성을 갖는다는 것을 알게 되었다. 개개인에 존재하는 항원 간에는 작지만 아주 중요한 차이가 있는데, 이것으로 백혈구가 자신의 물질과 이물질을 구별하게 된다. 그러나 면역학적 특이성이 장기 이식의 장애요인이라는 것은 아직까지 알려지지 않고 있다.

초기 배아의 유전적 조절

생리의학상
(1995)

크리스티아네 뉘슬라인 폴하르트

Christiane Nüsslein-Volhard

초기 배아

정자와 난자가 만나 융합되어 하나의 세포를 만드는데, 이를 수정란이라고 한다. 수정란은 한 개의 세포가 분열하는 난할을 거쳐, 여러 개의 세포로 이루어진 배반포가 된다. 발생 과정의 초기 단계에서도 존재하는 배반포의 안쪽에는 내세포괴라고 하는 세포들의 덩어리가 있다.

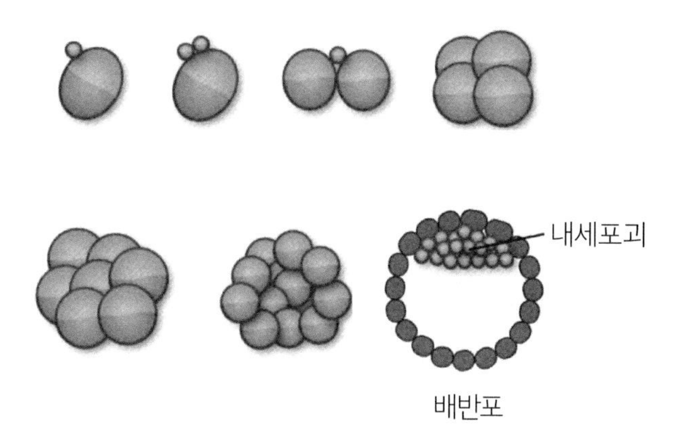

이 세포들은 세포분열과 분화를 거쳐 수정란이 태아가 되기 전 상태인 배아를 형성하고, 배아는 임신 기간을 거치면서 하나의 개체로 발생하게 된다. 이 과정에서 이 세포들은 동일하게 보이지만, 시간이 지나면서 혈액, 뼈, 피부, 간 등 한 개체에 있는 모든 조직의 세포로 분화한다. 때문에 배아 단계에서 추출한 줄기세포는 뼈, 간, 심장 등 장기로 발전할 수 있는 만능세포라고 불린다. 과학자들은 줄기세포를 배양한 배아 줄기세포로 백혈병, 파킨슨병, 당뇨병 등에 걸린 환자에게, 장애가 생긴 세포를 대신하는 정상 세포를 외부에서 배양,

주입하여 치료하려는 시도를 하고 있다.

혹스(Hox) 유전자

왓슨과 크릭이 DNA 이중나선 구조를 발견하면서 유전자(gene)에 대한 많은 연구가 진행되고 있다. DNA 서열의 일부분인 유전자는 유전의 기본 단위로서, 생물의 세포를 구성·유지하고, 유기적인 관계를 이루는 데 필요한 정보가 담겨 있으며, 생식을 통해 자손에게 유전된다.

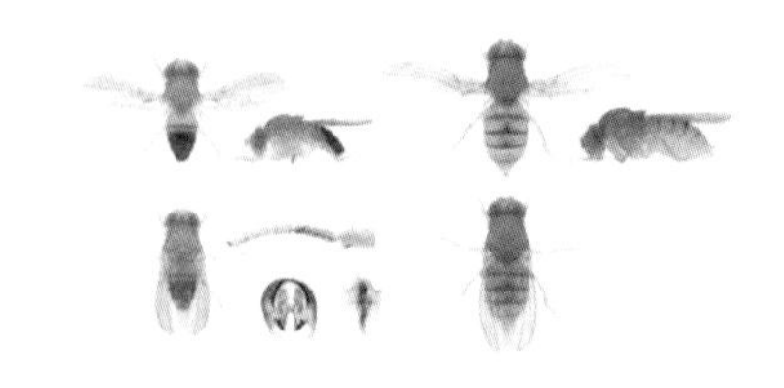

1978년 뉘슬라인 폴하르트(Nüsslein-Volhard) 등은 초파리 수정란이 줄무늬 마디를 갖는 유충으로 발달하는 과정에 의문을 가지고 연구를 시작했다. 이들이 초파리를 선택한 이유는 크기가 작고 실험실에서 키우기 쉬우며 한 세대가 약 2주 정도로 매우 짧다는 장점 때문이었다. 이들은 돌연변이를 유발하는 화학물질로 초파리에게 돌연변이를 일으켜, 돌연변이 현상이 발생한 유전자는 비정상적인 체절을 만들어낸다는 사실을 밝혀냈다. 그리고 이를 통해 초파리의 각 부분을 형성하고 신체 계획을 결정하는 데 핵심적인 소수의 혹스(Hox) 유전자를 발견하게 되었다.

혹스 유전자는 배아의 신체 계획을 제어하는 관련 유전자 군으로써, 초파리 애벌레의 몸 모양을 따라 8개의 혹스 유전자가 순서대로 배열되어 있다. 혹스 유전자의 지시('무엇이 되라')에 따라 초파리 유생의 세포들은 배, 다리, 날개, 촉수가 된다. 즉, ANT-C에 위치한 혹스 유전자들은 머리와 가슴 앞부분 등 초파리 앞부분의 발생을 조절하고, BX-C에 위치한 혹스 유전자들은 가슴 뒷부분과 복부 등 초파리 뒷부분의 발생을 조절한다. 따라서 혹스 유전자를 조절하면 초파리 날개가 두 쌍이 되게 하거나 머리 줄무늬 등이 나오게 할 수 있다.

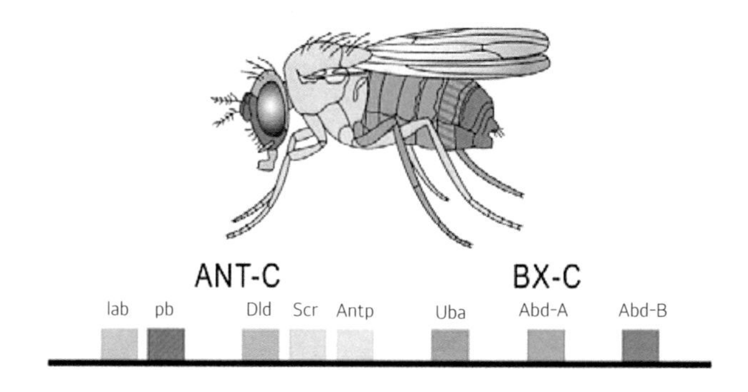

그 후 많은 연구를 통해 초파리의 혹스 유전자와 흡사한 유전자가 사람을 포함한 다른 동물들에도 존재하며 기능도 같다는 것을 알게 되었다. 또한, 구조가 완전히 다른 방식으로 진화했으리라 보았던 동물의 여러 기관들의 발생이 동일한 유전자들로 통제된다는 것을 알게 되었다. 따라서 뉘슬라인 폴하르트 등의 혹스 유전자 연구는 태아의 기형을 밝히는 밑거름이 됐다.

가역적인 단백질 인산화

생리의학상
(1992)

에드몬드 피셔*Edmond H. Fischer*

단백질

수분 다음으로 원형질을 이루는 주요한 성분인 단백질은 1830년대 뮐더(Mulder)에 의해 처음 발견되었다. 영문 표기인 protein은 그리스어인 proteios에서 기원한 것으로서 '중요한 것'이라는 뜻을 가지고 있다. 단백질은 생명체에게 필요한 영양소로서 근육, 머리카락, 피부와 같은 신체 구조의 대부분을 구성한다. 그리고 인체 내에서 일어나는 여러 가지 화학 반응을 조절하는 효소나 대사 과정을 조절하는 호르몬으로 작용한다.

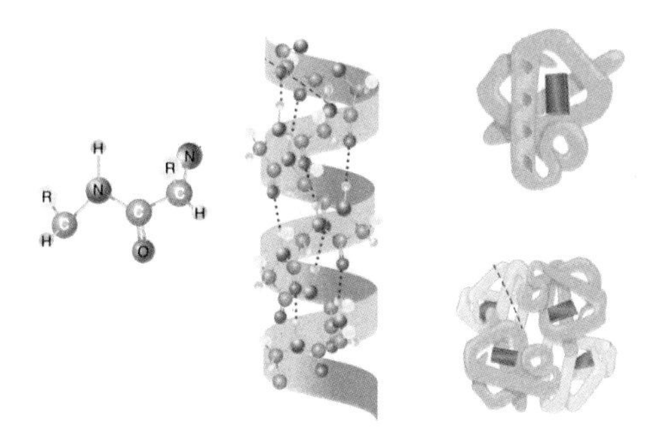

인체 내로 흡수된 탄수화물은 단당인 글루코스로 바뀌며, 혈액을 통해 신체의 모든 조직으로 운반된다. 휴식 상태에서는 근육과 간으로 운반된 후 글리코겐이라는 형태로 바뀌어 간 및 근육 세포에 저장된다. 근육은 수축 또는 이완이 가능한 많은 수의 세포로 구성되어 있다. 쉬고 있는 근육을 수축시키기 위해서는 단당인 글루코스가 필요한데, 이를 효소인 단백질이 글리코겐을 글루코스로 분해하여 공급한다.

G 글루코스

그러나 항상 글리코겐이 분해되거나 글루코스가 합성만 되면 글리코겐과 글루코스의 양이 조절되지 않아, 근육의 수축 또는 이완을 할 수 없게 된다. 따라서 단백질은 글루코스가 필요하면 글루코겐을 글로코스로 분해하고, 글로코스가 많아지면 글리코겐으로 합성하는 작용을 하게 함으로써, 근육의 수축 또는 이완을 적절히 조절해준다.

단백질 인산화

1959년 피셔(Fischer) 등은 에피네프린이라는 호르몬의 작용을 연구하던 중, 근육세포 내에 있는 에피네프린의 자극을 받으면 포도당 분해 효소가 활성화되어 글리코겐이 글루코스가 된다는 사실을 발견했다. 즉, 그들은 효소 조절에 의한 가역적 단백질 인산화를 통해 근육에 저장되어 있던 글리코겐이 단당인 글루코스로 바뀌며, 혈액을 통해 신체의 모든 조직으로 운반되고. 휴식 상태에서는 근육과 간으로 운반된 후, 글루코스가 글리코겐으로 바뀌어서 간 및 근육

세포에 저장된다는 것을 발견했다. 피셔(Fischer) 등은 이 연구를 통해 근육세포에서 단백질이 어떻게 근육에 에너지를 빠르게 공급하게 하는지를 보여주었다.

가역적 단백질 인산화는 세포에 자극을 주는 신호가 생체에 전달되면, 그 신호를 받아서 인산을 활성화시키거나 비활성화시킴으로써, 인산이 단백질에 붙었다 떨어졌다 하게 만드는 신호전달 체계이다. 평상시에는 기능이 불활성되어 있는 단백질에 인산기(P)를 붙여주는 효소(kinase)에 의해 인산화가 활성화되어, 다른 단백질을 인산화시키는 일련의 과정을 통해서 신호가 전달된다.

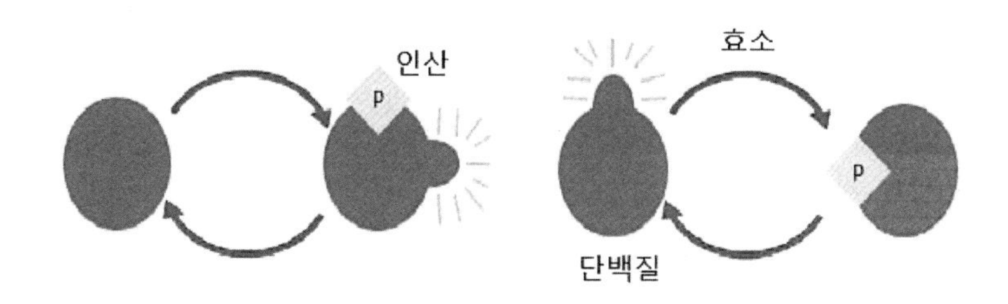

외부로부터의 신호를 세포 내부로, 혹은 핵 안으로 전달하는 일은 하나의 단백질로는 불가능하다. 대개의 신호전달은 여러 가지 다양한 단백질들의 상호작용을 통해 일어난다. 그렇기 때문에 단백질 간의 신호전달 시 단백질과 단백질 간의 신호를 매개하는 과정이 필요하다. 이때 단백질의 인산화라는 과정을 통해 단백질 간에 신호가 전달된다.

그 후 1970년대 말, 암세포의 증식에 단백질의 인산화가 관여한다는 새로운 사실이 밝혀졌다. 이는 가역적인 인산화 반응이 대사의 조절뿐 아니라, 세포의 성장 증식에도 중요한 역할을 함을 의미한다. 다시 말해 인산화 반응이 생명의 근본적이고 통일적인 제어 조절 방식의 하나라는 것을 이해하게 되었다.

세포의 정보교환

생리의학상
(1991)

에르빈 네어*Erwin Neher*

세포

식물이나 동물은 작은 세포로 되어 있다. 세포라는 뜻의 영어인 cell(셀)은 작은 방에 비유한 데서 유래됐다. 1838년 슐라이덴(Schleiden)은 모든 식물들이 세포라는 작은 주머니로 구성되어 있다는 사실을 관찰했고, 1839년 슈반(Schwann)은 세포가 동물을 구성하는 단위가 된다고 주장했다. 그리고 1855년 피르호는 모든 세포가 세포로부터 만들어진다고 발표하여 세포설이 확립되었다. 이후 과학자들은 '세포 안에 무엇이 들어 있을까?'에 관심을 가지게 되었다. 그리고 식물 세포는 동물 세포에 없는 엽록체와 세포벽을 가지고 있고, 동물 세포는 식물 세포에 없는 중심체, 리소좀, 편모가 있음을 알게 되었다.

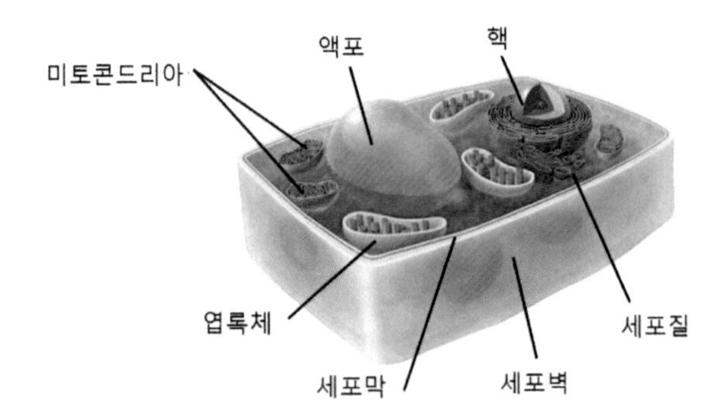

세포는 비누거품 두께 정도의 얇은 세포막으로 둘러싸여 있는데, 이 막을 경계로 외부와 내부로 나눈다. 세포는 지속적으로 새로운 분자들을 만들어 필요한 곳으로 보내기도 하고, 노폐물을 처리하기

도 한다. 이때 세포막은 집처럼 외부 물질이 내부로 침입하는 것을 막아주기도 하며, 내부 물질이 외부와 연락을 취할 수 있는 창의 역할을 하기도 한다.

이온 채널

19세기 중반부터 과학자들은 세포 내·외 자극에 의해 개폐가 조절되며, 전기화학적 특성에 따라 특정 이온의 이동을 촉진하는 이온 채널(ion channel)의 존재를 추측하고 있었다. 1973년 에르빈 네어(Erwin Neher) 등은 세포막 단백질이 특정 이온의 생체막 통과를 매개하는 이온 채널에 대한 연구를 시작했다. 그들은 이온 채널의 존재를 증명하기 위한 방법의 하나로서, 하나의 이온 채널에서 발생하는 전기 신호를 측정하려 했다. 그러나 이온 채널에서 발생하는 전기 신호의 100배에 가까운 잡음 때문에 도저히 이온 채널의 존재를 확인할 수 없었다.

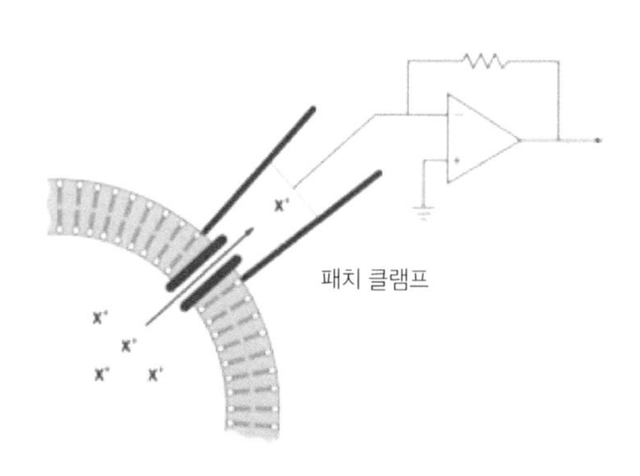

에르빈 네어 등은 잡음을 해결하기 위해 패치 클램프를 발명했다. 패치 클램프의 피펫(직경 1마이크로미터)으로 하나의 이온 채널을 눌러, 이온 채널이 열릴 때 나오는 미량의 전류를 검출하는 기법을 통해 잡음을 해결할 수 있었다. 1976년 에르빈 네어 등은 개발한 패치 클램프를 이용하여 채널이 열리거나 닫히는 때를 정확하게 측정할 수 있게 되었다.

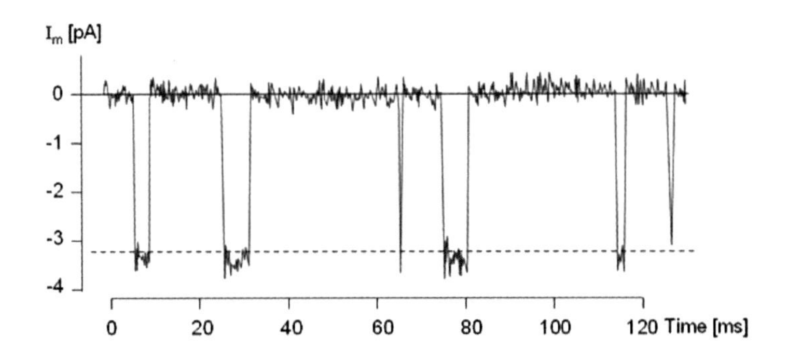

실제로 이온 채널은 거의 모든 세포에 존재하면서 이온 운반, 세포막 전위차 조절, 상호 신호전달의 역할과 함께 심장박동, 근육수축, 호르몬 분비 및 통증을 느낄 수 있는 신호전달과 같은 여러 역할을 수행하고 있다. 신경세포 간 신호전달을 맡는 이온 채널에 문제가 생김으로써 당뇨병과 낭포성 섬유증 등 다양한 질병이 발병할 수도 있다. 이온 채널 연구를 통해서 앞으로 신경세포 내 이온 채널을 통제할 수 있는 약물 개발로 이들 질병 치료가 가능해질 것이다.

암을 유발하는 종양 유전자

마카엘 비숍*J. Michael Bishop*

악성 종양

손가락이 베이면 상처 부위의 피부와 조직들은 조절 기능에 의해 본래대로 회복된다. 그러나 조절 기능의 균형이 맞지 않아 발생하는 대표적인 질병이 악성 종양(암)이다. 고대 이집트인들은 기원전 2500년부터 암의 존재를 인식하고 있었고, 동시에 이 질병이 당시에는 치료하기 힘든 병이라는 것도 인지하고 있었다. 그러나 과연 이 질병이 어떤 원인으로 발생하는지에 대해서는 그 이후 19세기 말에 이르기까지 진전이 없었다.

암이 나타나는 원인을 밝힌 과학자로 라우스(Rous)를 들 수 있다. 라우스는 1911년 악성 종양을 가진 닭의 악성 종양을 떼어내 간 다음, 고운 여과지를 통과시켜 살아 있는 세포가 없는 맑은 액체를 만들었다. 건강한 닭에 액체를 조금 주사하니 건강한 닭에도 악성 종양이 생기는 것이 관찰되었다. 라우스는 건강한 닭에도 악성 종양이 생기는 원인이, 액체 속에 여과지를 통과한 아주 작은 바이러스가 포함되어 있는데, 이 바이러스가 악성 종양을 유발하기 때문이라고 했다. 그 후 주사에 의해 동물의 암을 만든 추가 사례들이 나왔다. 따라서 과학자들은 암의 원인이 외부 바이러스에 의존한다고 믿게 되었다.

분자 식별자

암이 외부 바이러스에 의존하지 않고 세포 자체의 정상 작용에서 형성된다는 믿음을 버리지 않은 대표적인 과학자로 비숍(Bishop)을 들 수 있다. 암이 세포 자체의 정상 작용에서 형성된다고 생각한 비숍 등은 암 유발 바이러스가 없는 상태에서 정상 세포를 화학적 발암 물질이나 방사선 등을 이용하여 암세포로의 형질 전환을 유도할 수 있다는 가설을 제시했다. 그들은 가설을 입증하기 위해 종양 유도 유전자를 식별할 수 있는 분자 식별자(nucleic acid probe)를 개발하여, 건강한 닭의 숙주세포 내에 잠재하고 있다가 발현되어 암을 유발하는 유전자에 대한 연구를 했다.

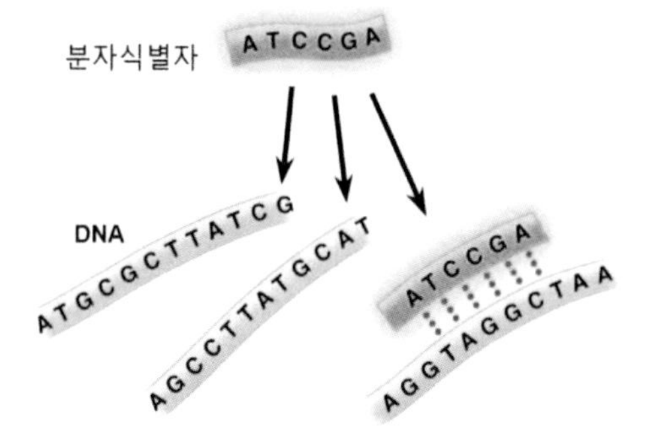

1976년 비숍 등은 이 연구를 통해, 암 유발 바이러스에 있는 발암 유전자(oncogene)와 구조적으로 유사한 유전자가 모든 종의 정상 세포 내에 존재하고 있음을 발견하여, 이를 원 발암 유전자(protooncogene)라고 했다. 이를 통해 암을 유발할 수 있는 종양 유전자가 바이

러스에서 유래한 것이 아니라 원래 정상 세포에서 비롯된 것이며, 정상 세포 역시 돌연변이를 일으켜 암세포로 전환될 수 있다는 중요한 단서를 얻었다.

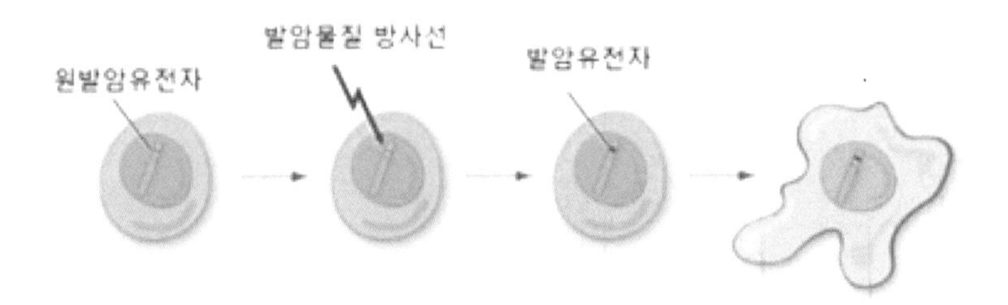

세포의 유전자 중에 어느 하나라도 문제가 생기면 세포의 성장을 통제하는 조절 기능에 이상이 생겨 암세포가 생성되는 것이라는 비숍 등의 연구 결과는 당시 커다란 반향을 불러일으켰다. 1976년 이래 비숍 등의 연구 결과를 뒷받침하는 더 많은 증거가 나왔고, 이를 통해 암이 몸 안에서도 만들어지며, 외부에서 올 필요가 없다는 것이 밝혀졌다.

비숍 등의 연구는 다른 조직으로 침범하는, 이른바 전이한다는 암세포 특성에 대한 과학적인 이해와 질병들의 배후에 감춰진 복잡한 체계들을 이해하는 데 도움을 주었다. 이후 연구를 통해 암의 발생 원인이 모든 암에 적용되는 일반적인 것으로서 받아들여지게 되었다. 이를 통해 다양한 형태의 암 진단과 치료가 가능해졌다.

시각정보화 과정

생리의학상
(1981)

토르스텐 비젤*Torsten Wiesel*

뇌

사람들이 뇌에 관심을 갖기 시작한 지는 매우 오래되었다. 서양의학의 아버지라고 하는 히포크라테스(Hippocrates)는 우리의 감각과 지능이 뇌에 자리하고 있다고 했다. 그러나 이 같은 생각을 모든 사람들이 받아들인 것은 아니다. 당시의 철학자 아리스토텔레스(Aristoteles)는 지능은 심장에 자리하고, 뇌는 혈액을 식히는 방열기의 역할을 한다고 믿었다. 그리스의 의학자 갈렌(Galen)은 히포크라테스의 견해를 지지하면서, 대뇌는 감각을 받아들이고 소뇌는 근육 운동을 지배한다고 주장했다. 이 같은 갈렌의 생각은 1500년 동안 학계를 지배하다가, 르네상스 기의 해부학자 베사리우스가 뇌실을 포함한 자세한 뇌의 구조를 밝히면서, 뇌는 기계와 같은 것으로서 체액이 이를 구동한다고 생각했다. 그러나 18세기 말에 갈바니(Galvani)가 신경을 전기적으로 자극하여 근수축이 일어나는 것을 관찰했는데, 이로써 신경은 뇌로부터의 전기적 신호를 전달하는 도선이라는 새로운 개념이 정립되었다.

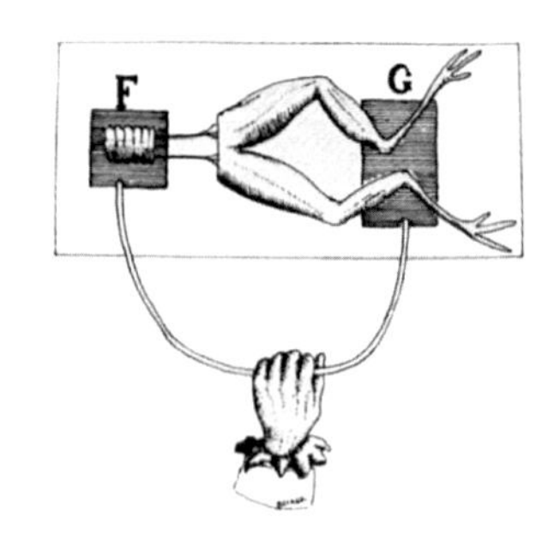

20세기 중·후반 분자생물학, 전기생리학, 그리고 컴퓨터의 발전을 통해 뇌와 신경계에 대한 다양한 연구가 이루어졌다. 그 당시 과학자들은 단일 뉴런과 신경전달 물질의 특성, 신경전달에서 펩티드의 역할과 태아의 뇌 발달에 대한 연구를 하게 되었다. 이런 연구를 통해 단일 뉴런 속에서 일어나는 복잡한 과정을 매우 세밀하게 이해할 수 있게 되었다.

미세전극

1930년대 이후 미세전극 기술이 도입되면서, 단순하거나 복잡한 운동 행동에 관계되는 단일세포의 활동을 뇌의 모든 부위에 걸쳐 기록할 수 있게 되었다. 미세전극 기술을 이용한 대표적인 연구로 비젤(Wiesel) 등의 고양이 연구가 있다.

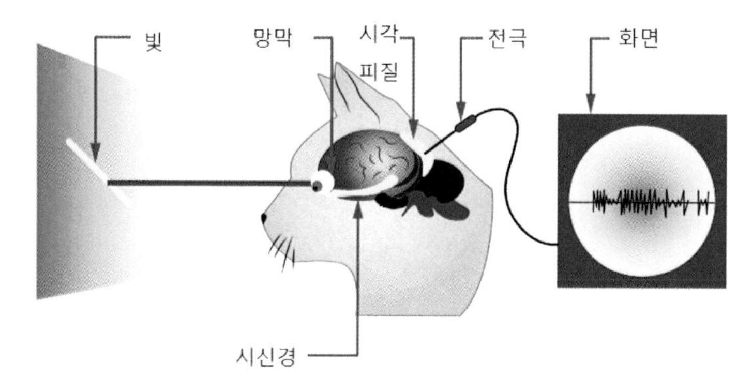

1959년 비젤 등은 고양이의 뇌 뒤쪽에 위치한 시각피질세포에 미세한 전극을 부착하고, 사물을 볼 때 어느 시각피질세포에서 어떤

반응이 나타나는지를 관찰했다. 미세전극을 피질 표면에서 직각으로 밀어넣으면서 그 속에 있는 세포들의 반응을 하나하나 기록해보면, 그것들이 모두 동일한 방향의 모서리 자극에 대해서만 반응한다는 것을 관찰했다.

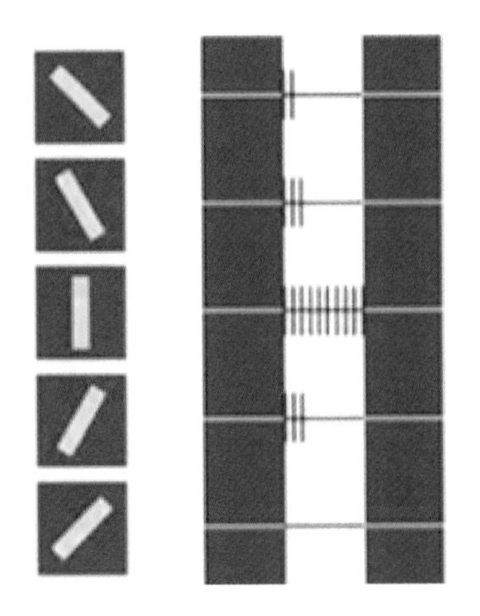

이를 통해 비젤 등은 시각피질의 세포들이 수직으로 세워놓은 기둥(column)처럼 조직되어 있다는 것을 알게 되었다. 또한 시각피질세포가 시각적 형태를 어떻게 부호화하는지에 대해 수많은 정보를 관찰했다.

1963년 비젤 등은 새끼 고양이의 한쪽 눈의 위아래 눈꺼풀을 서로 꿰매서 눈을 가렸더니, 시각피질세포와 관계가 끊어져 뇌의 능력이 저하되는 것을 관찰했다. 즉, 망막으로부터 전달된 사물을 인식하는 시각피질세포의 능력이 일정 기간에 발달하고, 이런 발달이 일어나기 위해서는 눈의 시각적 경험이 필요하다는 것을 알게 되었다.

비질 등의 시각피질세포의 구조와 시각피질세포의 시각적 형태를 부호화한 연구는 머신러닝 등을 기반으로 한 인공지능의 알고리즘에 이용되고 있다.

초고해상도 형광 현미경

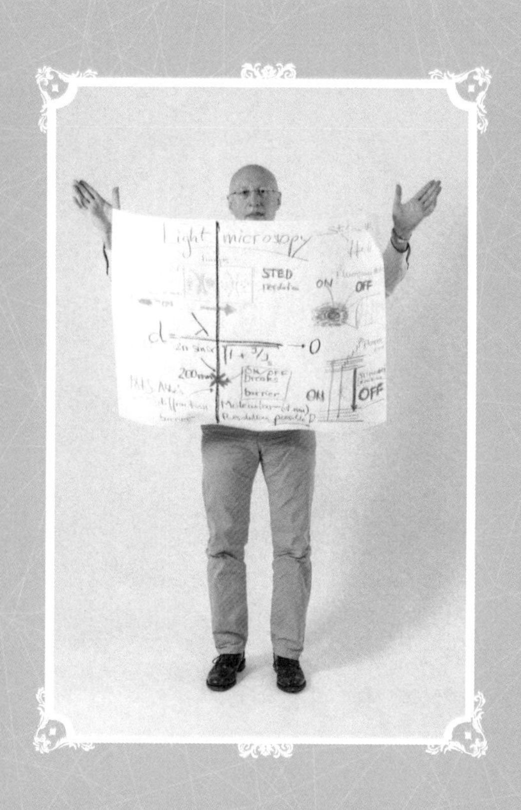

화학상
(2014)

슈테판 헬*Stefan Hell*

광학 현미경

17세기 초기에 네덜란드의 상인 레벤후크(Leeuwenhoek)가 렌즈로 빛의 초점을 맞춰 헤엄치는 세포를 경이로운 눈으로 관찰한 이래, 현미경은 과학자들에게 새로운 발견의 가능성을 열어주었다.

레벤후크의 현미경은 작은 유리구슬을 갈아 두 개의 구리판 사이에 끼운 형태로, 현미경을 사용하는 사람이 유리구슬을 조절해 초점을 맞출 수 있도록 구리판에 나사를 설치한 광학 현미경이었다. 그의 현미경은 엄지손가락보다 약간 큰 정도의 작은 크기였지만, 당시에 존재하던 어떤 현미경보다도 분해 기능이 뛰어나 약 270배까지 확대해볼 수 있었다.

19세기의 과학자 아베(Abbe)는 빛의 회절 한계 때문에, 광학 현미경으로 두 점을 구분하기 위해서는 두 점의 거리가 빛 파장의 절반

보다는 커야 한다는 것을 발견했다. 이에 따르면 가시광선의 파장은 400~700nm이기 때문에, 파장이 가장 짧은 가시광선을 사용해도 광학 현미경으로는 200nm보다 작은 물체는 관찰이 불가능했다. 그래서 200nm의 벽을 넘기 위해 과학자들은 가시광선보다 파장이 짧은 파장을 사용하는 현미경을 만들려고 노력했다. 그리고 1932년 루스카(Ruska)는 전자를 사용한 '전자 현미경'을 발명했다.

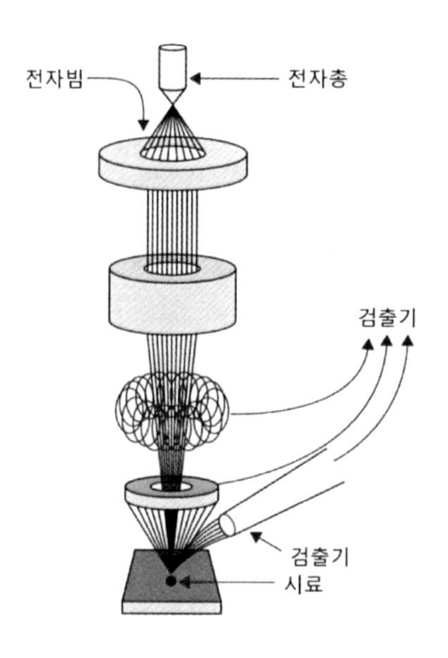

전자 현미경과 광학 현미경의 가장 큰 차이점은, 전자 현미경은 빛 대신 전자 빔을 사용하여 전자가 시료에 충돌하면서 발생하는 파장을 이용한다는 것이다. 전자 현미경에 사용하는 전자 빔의 파장은 보편적으로 약 1nm이므로, 전자 현미경의 배율은 광학 현미경보다 100배 이상 크다. 그런데 전자 빔의 파장은 전자의 에너지에 의존하는 드브로이 파장으로, 에너지가 커질수록 파장은 짧아진다. 따라서 작은 물체를 보려면 전자가 가지는 에너지가 높아야 하는데, 그러면 전자 빔과의 충돌 시 물체가 손상되기 때문에 전자 현미경으로는 살아 있는 세포를 볼 수 없었다.

세포를 살아 있는 상태에서 관찰하는 것은 생명현상 원리를 파악하기 위해 중요하다. 과학자들은 살아 있는 세포를 보기 위해 원자 현미경을 발명했다. 원자 현미경은 탐침을 이용해 시료의 표면 형상을 알아내는 방식으로 0.01㎚ 크기의 시료까지 측정할 수 있다. 그러나 원자 현미경으로는 세포의 표면은 볼 수 있지만, 세포 안에 있는 단백질이나 생체분자를 보기에는 적합하지 않았다.

형광 현미경

살아 있는 세포를 3차원으로 보거나 움직임을 관측할 수 있는 광학 현미경의 장점 때문에 광학 현미경의 한계를 넘어서려는 노력은 계속됐다. 그러나 만족스러운 해상도를 얻지는 못했다. 헬(Hell)은 1994년 아베의 한계를 해결하는 형광(Stimulated emission depletion, STED) 현미경을 독자적으로 고안해냈다.

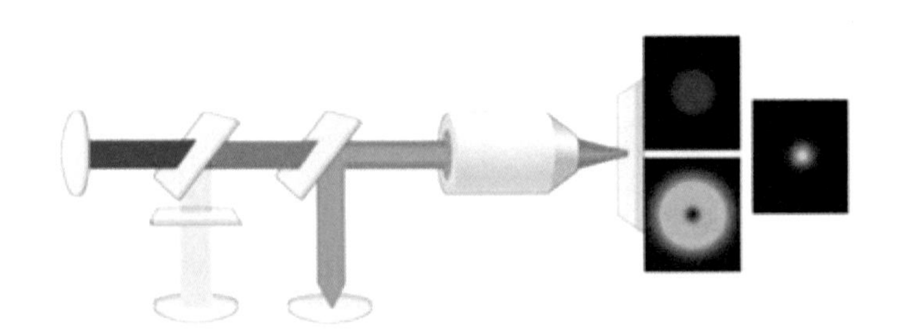

형광 현미경은 두 개의 레이저 빔을 사용한다. 원 모양의 레이저는 관측 대상인 시료의 에너지 준위를 들뜬 상태로 만들어 빛나게

한다. 도넛 모양의 레이저는 중심부의 아주 작은 공간을 뺀 다른 곳의 형광이 강하게 억제된다. 두 빛을 함께 비추면 결과적으로 중심부의 아주 작은 공간의 형광만이 뚜렷하게 관측된다.

이 도넛 모양 레이저의 구멍을 나노미터 수준으로 줄일 수 있다면, 나노미터 수준의 영상을 얻을 수 있다. 즉 형광으로 빛나게 하는 부분이 작을수록 최종 이미지의 해상도는 높아진다. 그래서 STED 현미경은 이론적으로 해상도의 한계가 없다. 가시광선 영역의 빛을 사용하면서도 살아 있는 세포를 관찰할 수 있는 STED 현미경은 DNA의 전사 과정이나 그에 의해 만들어지는 단백질의 내부 구조 등을 연구하는 유전공학 분야 등 생화학과 관련된 거의 대부분의 연구 분야에 새로운 장을 열게 되었다.

다중 척도 모델

화학상
(2013)

아리 워셜*Arieh Warshel*

현대 화학

현대 과학은 모든 분야가 엄청난 속도로 발전하여 학문 간의 경계가 허물어졌다. 경계가 허물어진 배경에는 컴퓨터를 이용한 가상 실험(시뮬레이션)이 중요한 요인으로 자리 잡고 있다. 화학과 생물학 간의 경계가 완전히 허물어져서, 화학은 생명의 과학이며, 화학 언어는 화학자, 생물학자, 의학 전문가들이 생명의 반응을 설명하는 데 사용하는 언어가 되었다. 물리학과 화학의 경계도 거의 사라져서, 화학자들은 반응이 일어나는 지점에서 반응 과정을 예측하는 데 물리학 언어인 양자역학(Quantum mechanic, QM)과 고전역학(Classical mechanic, CM)에 기초한 컴퓨터 시뮬레이션이 효과적이라는 사실을 알게 됐다.

거시 세계의 운동을 기술하는 고전역학에 기초한 분석은 계산이 비교적 단순하고 큰 크기의 분자 분석에도 적용 가능하지만, 반응 진행 과정의 계산에는 사용하기 어려웠다. 반면 미시 세계의 운동을 기술하는 양자역학에 기초한 분석은 고전역학의 약점을 보완한 대신 엄청난 용량의 데이터를 처리해야 하기 때문에 작은 크기의 분자 분석에만 적용할 수 있었다.

예를 들면, 거시 세계의 물을 미시적으로 생각하면 전자 분포를 가진 물 분자가 많이 모여 있는 상태를 생각할 수 있다. 이때 물 분자들 사이에 작용하는 힘을 알면 물 분자의 움직임을 예측할 수 있다. 그런데 물 분자들 사이에 작용하는 힘은 양자역학에 따라 정해지며, 양자역학에 기초한 컴퓨터 시뮬레이션은 분자가 포함하는 전자의 수가 많아질수록 계산 시간이 오래 걸린다.

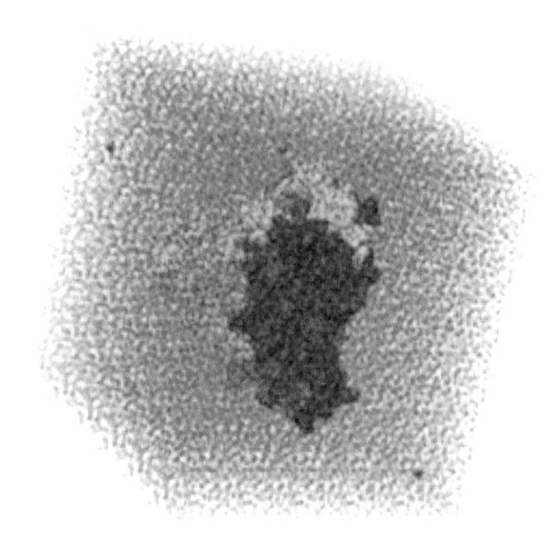

만약 물 분자 하나의 전자 구조를 계산하는 데 걸리는 시간이 1분이라면, 물 분자 10개가 모였을 때 전자 구조를 계산하는 데 걸리는 시간은 1시간이 넘는다. 그런데 이 1시간은 10개의 물 분자들이 어떤 특정한 위치에 정지하고 있을 때의 계산 시간이고, 특정한 위치에서 시작하여 이들 물 분자들이 1마이크로 초 동안 어떻게 움직이느냐를 계산하려면 100년 이상의 시간이 걸린다. 그런데 물 10개는 우리가 실제 관찰하는 물의 성질을 계산하기에는 턱없이 적은 수이다. 1000배 정도 더 큰 물 시스템에 대해 계산하려면 수십, 수백만 년의 계산 시간이 필요할 것이다.

따라서 양자역학을 통해서는 작은 척도에서 일어나는 현상을 설명할 수 있겠지만, 보다 큰 거리에서 일어나는 현상을 설명하기에는 현실적인 한계가 있다. 반대로, 고전역학으로 접근하고자 하면 더 큰 거리에서 일어나는 현상을 설명할 수 있다. 그렇지만 고전역학은 원자의 이동이나 화학 결합이 생성되고 끊어지는 전자와 관련된 문제를 이해하는 데에는 도움을 줄 수 없었다.

QM/MM

원자를 구성하는 전자의 질량은 원자핵의 질량보다 매우 작아, 전자는 원자핵에 비해 훨씬 긴 거리를 평균적으로 이동한다. 따라서 원자의 움직임을 기술하기 위해서는 원자핵이 움직이는 시간 및 거리 척도와 전자가 움직이는 시간 및 거리 척도를 모두 고려해야 한다. 이를 다중 척도 모델이라고 한다.

하지만 다중 척도 모델은 매우 복잡하기 때문에 전자의 움직임과 원자핵의 움직임을 분리하여 기술하는데, 이를 보른 오펜하이머(Born-Oppenheimer) 근사법이라고 한다. 이 방법은 거시 세계를 다루는 고전역학과 미시 세계를 다루는 양자역학 가운데 하나의 접근법을 선택 적용해야 한다는 점에서 한계가 있었다.

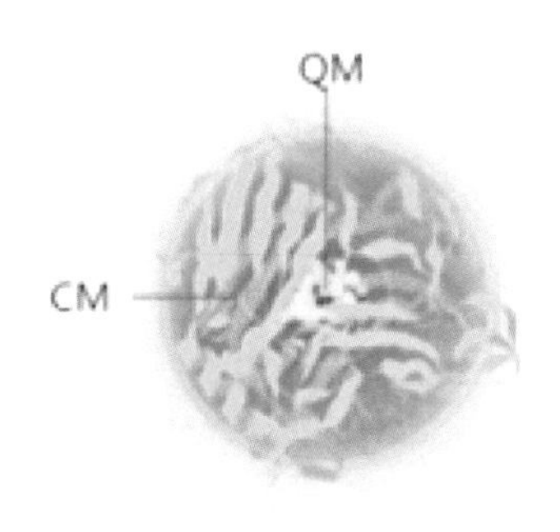

워셜(Warshel) 등은 1976년 전자의 움직임을 설명하기 위한 양자역학과 분자의 움직임을 설명하기 위한 고전역학을 결합한 QM/MM 방법을 개발했다. 이 방법을 통해 이론적으로 양자역학 분석에 기초한 중앙 부분(자세히 보고 싶은 부분)과 고전역학 분석에 기초한 주변 부분(대충 보고 싶은 부분)의 연결이 가능해졌다. 따라서 QM/MM 방법은 분자의 크기와 상관없이 모든 분자 반응에 대한 컴퓨터 시뮬레이션을 가능하게 했다. 이를 통해 화학 반응 및 생명 현상을 정확히 기술할 수 있는 이론적 체계를 구축했고, 이것은 단백질의 접힘과 같은 거대 시스템을 설명하는 데도 적용되었다. 이후로 이런 다중 척도 모델은 다양한 분야에서 널리 활용되고 있다.

G-단백질 결합 수용체

브라이언 코빌카*Brian Kobilka*

수용체

아벨(Abel)이 1897년 동물의 장기에서 처음으로 아드레날린을 추출한 이후, 과학자들은 아드레날린이 심장 박동과 혈압 상승을 유발한다는 것을 알게 되었다. 그들은 동물의 신경계를 마비시킨 상태에서도 아드레날린을 주입했을 때 심장 박동과 혈압 상승을 유발하는 결과를 얻었다. 그러나 세포는 지질 이중 막으로 구성된 세포막이 있어서 외부로부터 스스로를 보호한다. 세포막은 물과 잘 결합하는 친수성 층과 물과 분리되는 소수성 층이 겹겹으로 쌓여 있어, 세포 외부의 아드레날린이 세포 내부로 통과하기 쉽지 않다.

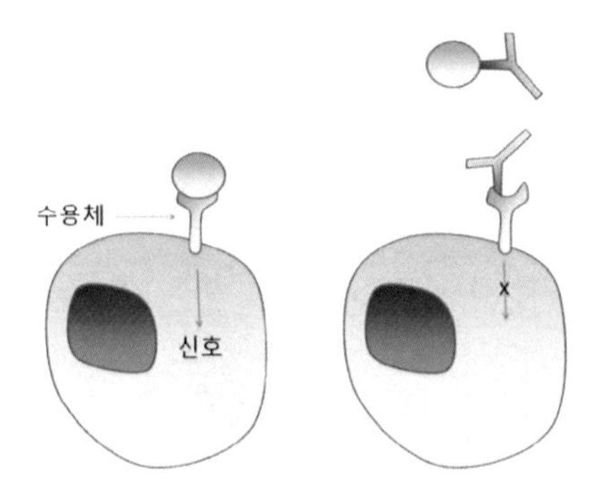

이 실험을 통해 과학자들은 세포 표면에 아드레날린을 감지할 수 있는 센서 역할을 하는 수용체가 필요하다고 생각하게 되었다. 따라서 과학자들은 수용체가 어떻게 생겼는지, 세포 외부의 화학물질이 어떻게 내부에 전달되는지를 이해하고자 했다. 그러나 수용체는 수십 년 동안 미확인 상태로 남아 있었다.

아드레날린 수용체

1948년 알퀴스트(Ahlquist)는 다양한 기관이 다양한 아드레날린 같은 물질에 어떻게 반응하는지를 조사했다. 그의 연구 결과에 의하면, 아드레날린 수용체(adrenergic receptor)에는 혈관을 수축시키는 수용체와 심장 박동을 증가시키는 수용체가 있어야 하는데, 두 수용체를 각각 알파 아드레날린 수용체, 베타 아드레날린 수용체라고 했다. 코빌카(Kobilka) 등은 1980년대에 방대한 인간의 유전 정보 중 구체적으로 어떤 유전자가 베타 아드레날린 수용체와 연관 있는지 밝히는 연구를 했다. 그러나 인간의 거대한 게놈에서 특정 유전자를 찾으려는 시도는 건초 더미에서 바늘을 찾으려는 것같이 어려운 연구였다.

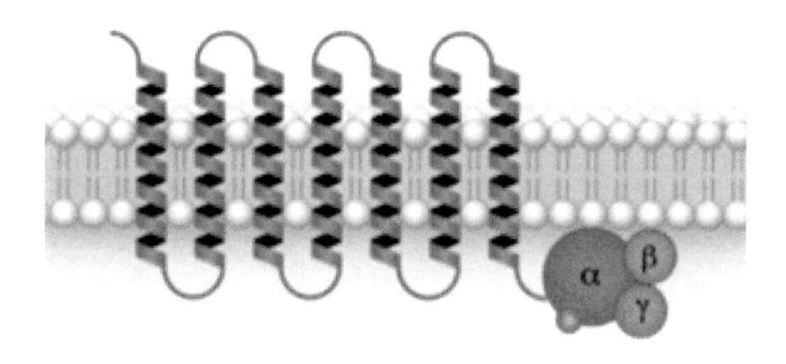

코빌카 등은 연구를 통해 베타 아드레날린 수용체의 역할을 하는 구아닌 단백질 결합 수용체(G-protein-coupled receptors, GPCR)가 7개의 긴 나선 구조를 갖는 단백질이라는 사실을 발견했다. 또한, 세포막에 열쇠구멍이 나 있는 것과 비슷한 GPCR에 신호나 자극에 해당하

는 분자 열쇠가 결합하면, 신호나 자극이 세포 내부에 위치한 G단백질에 전달되고, G단백질은 그 신호를 세포 내부에 전달한다는 것을 발견했다. 이들의 연구를 통해 세포 외부의 신호나 자극이 내부에 전달되는 과정을 이해할 수 있게 되었다. 코빌카 등은 이후 추가 연구를 통해 이와 유사한 구조를 지닌 단백질 수용체들이 많이 있다는 사실을 규명하고, 그 구조를 밝힘으로써 GPCR 연구의 토대를 마련했다.

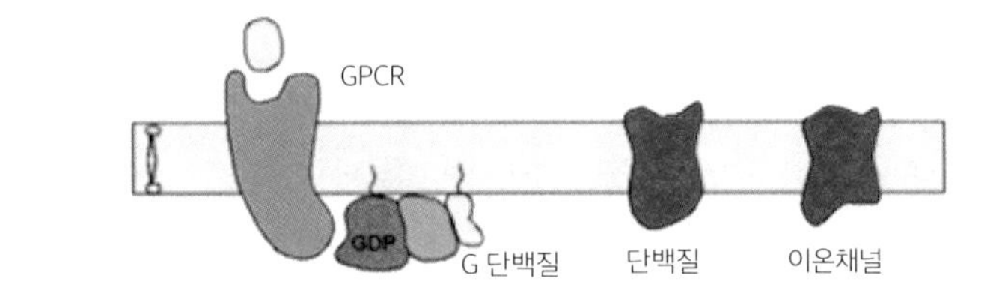

오늘날 우리 인체에는 거의 1,000종에 가까운 다양한 종류의 GPCR이 있는데, 각각 다양한 외부 신호를 감지하는 센서로 작용한다는 사실이 밝혀졌다. 사람이 빛, 맛, 냄새 등을 감지하고, 아드레날린, 도파민, 세로토닌 등 신경전달 물질과 호르몬 등 다양한 신호에 우리 몸이 반응하는 것도 GPCR이 신호를 매개해 세포 간 상호작용이 가능한 덕택이다. GPCR이 세포 간 생리화학적 상호작용을 매개하는 핵심 역할을 맡고 있기 때문에, 어떤 물질을 이용하면 특정 GPCR을 활성화하고 제어할 수 있는지를 연구하는 것이 현대 신약 개발의 핵심이다. 현재 시판되고 있는 치료용 약물의 절반 정도가 특정한 GPCR을 통해 작용하는 것으로 알려져 있다.

리보솜의 구조와 기능

화학상
(2009)

토마스 스타이츠*Thomas Steitz*

유전 정보의 보관

1930년대 후반에서 1940년대 중반까지는 유전 정보가 단백질로 표현되기 때문에 단백질이 유전 물질을 형성하는 것으로 추정했다. 그러나 1944년 에이버리(Avery) 등은 형질 전환에 대한 실험에서 DNA 분해 효소를 처리하여 DNA를 파괴했을 때 형질 전환이 일어나지 않는다는 실험 결과를 얻었다. 그는 이 실험 결과를 바탕으로 DNA가 유전 정보를 보관하는 물질일 것으로 추측했으나 확증하지는 못하고 있었다. 따라서 유전 물질의 후보로 DNA보다는 단백질이 지목되고 있었다.

1952년 체이스(Chase) 등은 유전 정보를 보관하는 물질이 어느 구성 요소인지를 결정하기 위해 DNA와 단백질로 이루어진 박테리오파지를 이용한 실험을 진행했다. 그들은 박테리오파지의 단백질로 이루어진 피막에는 방사선 황(S)을 묻히고, DNA로 이루어진 내부에는 방사선 인(P)을 묻힌 파지를 만들어, 대장균을 이용하여 증식 실험을 했다. 그들은 다음 세대의 박테리아파지에서 방사선 황은 나타나지 않고 방사성 인이 나타나는 것을 확인했다. 이를 통해 DNA가 유전 정보를 보관하는 물질임을 확인하게 되었다.

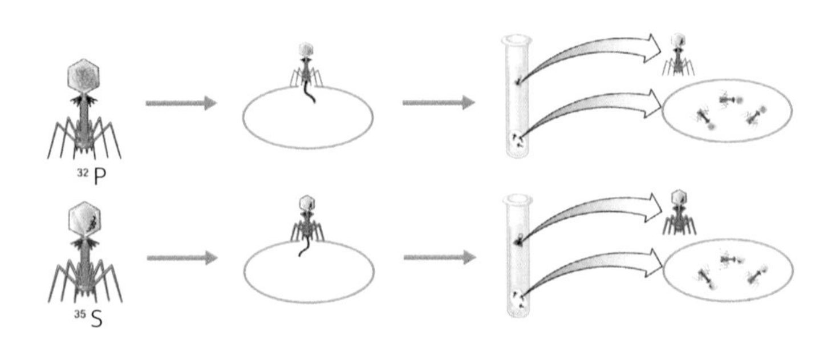

세포 속에 있는 리보솜에 의해서 유전 정보는 생명체로 만들어지게 된다. 리보솜은 단백질과 RNA가 결합한 거대한 복합체로, 유전 정보를 해석해 단백질을 만드는 단백질 공장이다. 리보솜의 구성 요소인 RNA를 rRNA(ribosomal RNA)라고 부른다. 이곳으로 tRNA(transfer RNA)가 아미노산 분자를 하나씩 가져오면, 리보솜이 mRNA(messenger RNA)의 정보에 따라 아미노산을 순서대로 결합시켜 단백질을 만든다.

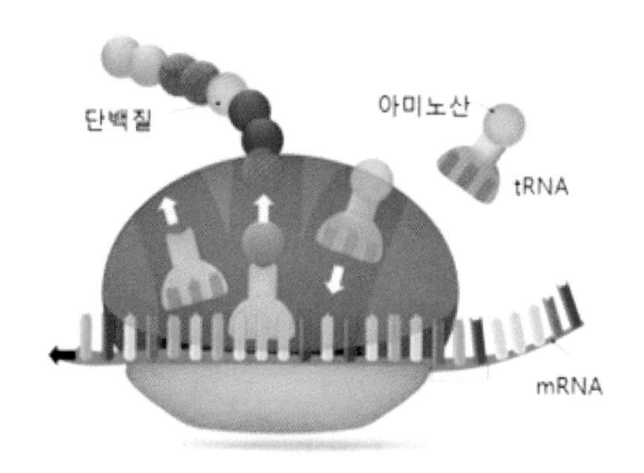

리보솜

리보솜의 단백질 합성반응 기능을 이해하기 위해서는 리보솜에 대한 원자 수준의 해상도를 가진 3D 구조 정보가 필요하다. 이를 위해 과학자들은 X선 결정법을 사용한다. X선 결정법은 원자나 분자가 일정하게 배열된 결정에 X선을 쪼일 때 나타나는 회절 패턴을 분석하여 결정의 입체 구조를 알아내는 방법이다. X선 결정법에 사용하는 결정을 만들기 위해서는 삼투압을 이용한 방법이 가장 많이 사용된다. 삼투압을 이용한 방법은 삼투압에 의해 일어나는 물의 증발이 단백질 농도를 증가시켜 단백질 결정의 생성을 유도하는 방법이다. 삼투압을 이용한 방법은 분자가 커질수록 결정을 만들기 어렵고 회절 패턴도 복잡해진다. 그래서 거대한 생체분자의 입체 구조를 밝히는 데는 회의적이었다.

그러나 2000년 스타이츠(Steitz) 등은 리보솜을 세포에서 분리한 뒤 리보솜 전체를 결정 형태로 만들고, X선 결정법을 이용하여 리보솜을 구성하는 수십만 개의 원자들 각각의 위치와 형태를 그려냈다. 특히 이들은 리보솜의 3차원 입체 구조와 기능을 원자적 수준에서 명확히 밝혀냄으로써 리보솜의 핵심 기능인 단백질 합성 과정을 연구하는 데 크게 기여했다.

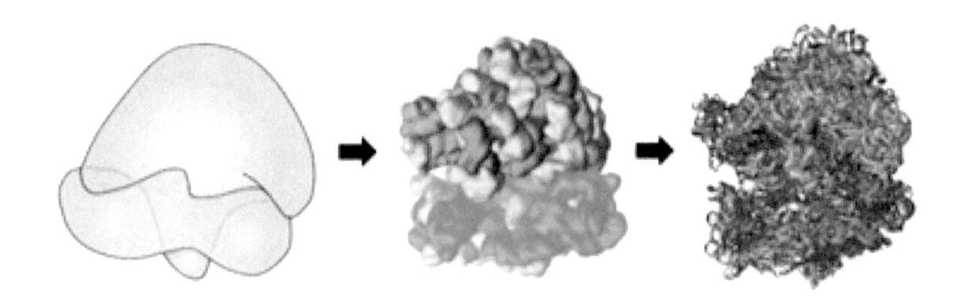

기존 항생제의 절반가량이 세균의 리보솜을 무력화시키는 전략을 사용하고 있어서, 이 결과는 새로운 항생제를 만드는 데 사용할 수 있다. 따라서 이들의 연구는 질병 치료에도 획기적인 역할을 할 수 있을 것으로 평가된다.

녹색 형광 단백질의 발견

마틴 샐피*Martin Chalfie*

형광 해파리

형광 물질을 연구하던 시모무라(Shimomura)는 1962년 녹색 형광 해파리로부터 생물 발광 단백질을 처음으로 분리하고, 이것을 애쿠오린(aequorin)이라고 했다. 그는 이 단백질을 연구하기 위해 19년 동안 매년 여름 한두 달에 걸쳐 5만 마리씩 해파리를 잡아 실험했다.

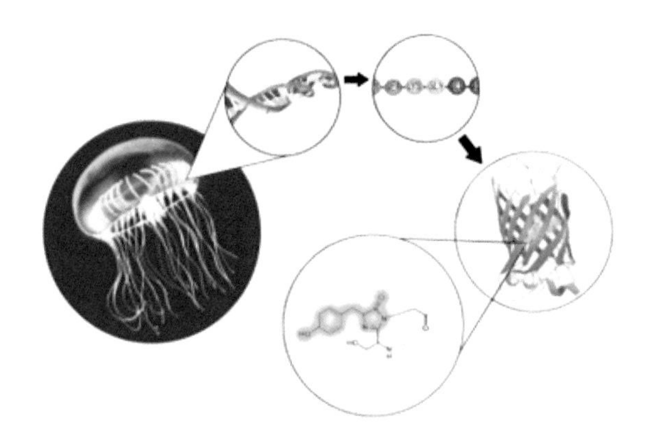

애쿠오린은 원래 푸른색을 내는 데 비해 이 해파리는 초록빛을 낸다. 그래서 시모무라는 녹색 형광을 내는 물질을 찾기 시작했고, 애쿠오린이 푸른색을 발광할 때 이 빛을 흡수해서 초록색(녹색) 형광을 내는 녹색 형광 단백질(Green Fluorescent Protein, GFP)을 해파리로부터 찾아냈다. 또한, GFP가 빛을 흡수해서 형광을 내는 발색단(유기분자가 색을 나타내는 데 필요한 유기분자의 한 부분)을 가지고 있다는 것을 밝혔다.

GFP의 발색단이 빛을 받으면 에너지를 얻어 여기 상태가 되고, 그 다음 단계로 발색단은 초록빛을 내고, 에너지를 잃어 바닥 상태로 돌아가게 된다. 과학자들은 이를 이용하여 특정 단백질에 꼬리표를 달아놓는 연구를 하기 시작했다. 단백질은 20종류의 다양한 아미노산으로 만들어진 긴 사슬로 되어 있다. 사슬의 접혀 있는 형태, 길이, 순서에 따라 단백질의 성질이 달라진다. 일반적으로 한 가지 유전자는 단백질 한 가지를 나타내는데, 세포가 어느 한 단백질이 필요하면, 그 단백질에 해당하는 유전자가 작동해서 필요한 단백질을 세포 안에서 만든다. 따라서 특정 단백질에 꼬리표를 달아놓으면, 그 단백질이 어떻게 움직이는지, 어디에 분포하는지 살펴볼 수 있는 장점이 있다.

형광 꼬마선충

샐피(Chalfie)는 흔하게 연구되는 생명체 중의 하나인, 길이 1㎜정도인 꼬마선충을 연구하고 있었다. 꼬마선충(Caenorhabditis delgans)의 유전체는 1998년 다세포 생물 중 가장 먼저 22,000개의 유전자를 지니고 있다는 것이 해독됐다. 또한, 꼬마선충은 유전자 중 35%가 인간의 것과 닮아서, 암이나 알츠하이머 등 질병과 노화, 세포 간 상호관계 등의 연구에 사용돼왔다. 1988년 샐피는 형광 생명체를 다루는 학회에서 GFP에 대한 얘기를 처음으로 듣고, 보통 현미경으로 꼬마선충의 장기를 연구하기 위해서 GFP가 환상적이라는 것을 생각하게 되었다. 그는 연구하려는 단백질의 유전자에다 GFP의 유전자를 끼워 붙여 연구 대상 단백질이 세포 어디에서 어떻게 움직이는

지 확인할 수 있는 실험 방법을 체계화했다.

그 후 프래셔(Prasher)가 GFP 유전자를 분리했다는 것을 알게 된 샐피는 프래셔에게 전화를 걸어 GFP 유전자를 받았다. 샐피는 GFP 유전자를 꼬마선충의 체내에 집어넣은 후 살아 있는 투명한 꼬마선충에 자외선을 비추었다. 그러자 형광이 생기는 것을 확인했다.

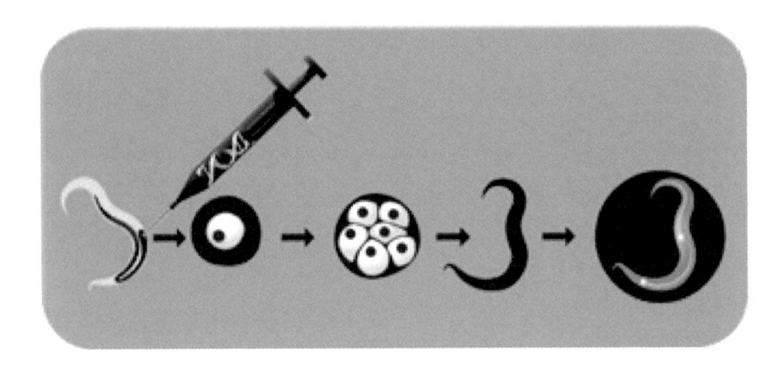

이후 샐피는 실험을 확대하여 꼬마선충의 다른 단백질과 GFP 유전자를 융합한 단백질도 빛을 낼 수 있다는 것을 발견했다. 이를 통해 샐피는 다른 유전자와 GFP 유전자의 관계를 연관시킬 수 있었다.

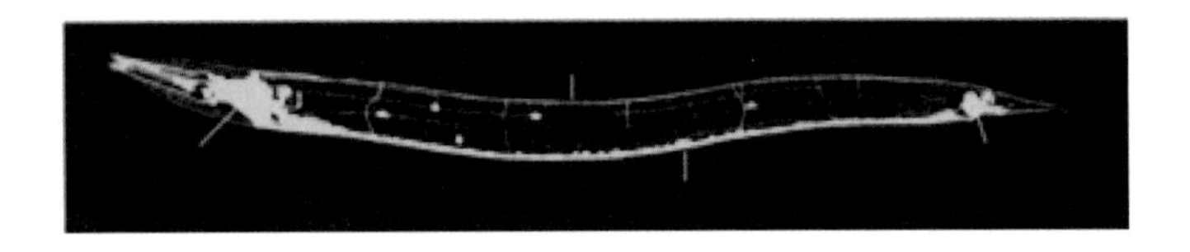

일반적으로 합성 형광 물질들은 강한 독성을 나타내서 살아 있는 세포에 사용하기가 어려웠다. 그러나 GFP는 독성이 적어 살아 있는 세포 연구에도 사용할 수 있는 장점이 있다. 따라서 GFP는 새로운 차원의 꼬리표이며, 이를 이용하여 과학자들은 병을 일으키는 단백질들이 생체에서 어떻게 작용하는지 관찰할 수 있게 되었다.

유비퀴틴에 의한 단백질 분해

아브람 헤르슈코*Avram Hershko*

단백질 분해

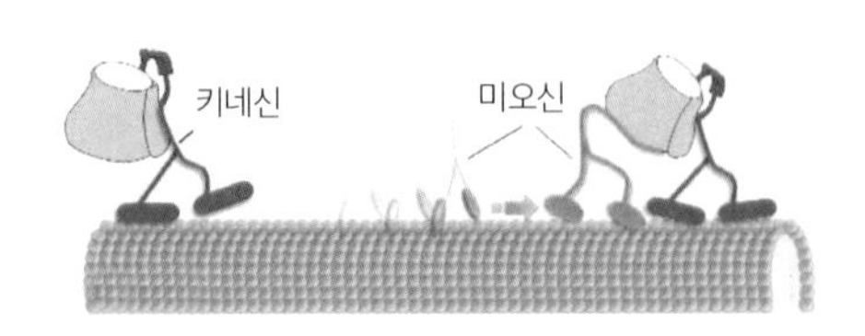

우리 몸의 세포는 수십만 개 이상의 서로 다른 단백질로 되어 있고, 단백질은 아미노산 여러 개가 모여 이루어져 있다. 단백질은 세포의 모양과 기능을 담당하거나, 키네신과 미오신 같은 세포 내에서 물질을 운반하는 역할을 하는 모터 분자를 만들기도 한다. 또한, 단백질은 분자 수준에서 생명을 유지하기 위한 세포 내 대부분의 기능을 담당한다.

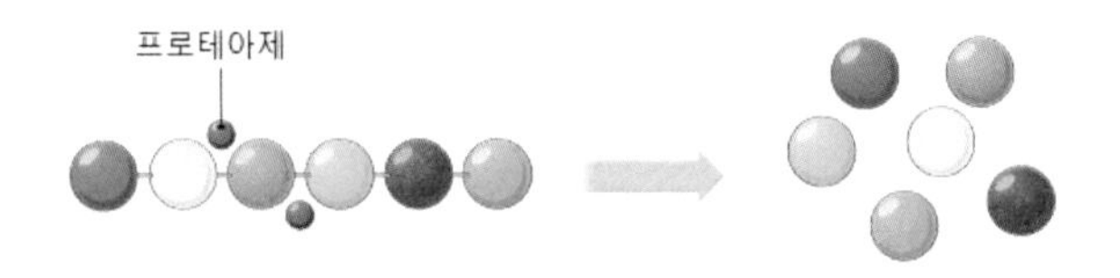

단백질의 절반이 분해되는 시간, 즉 반감기는 매우 다양하다. 몇 달의 매우 긴 반감기를 갖는 단백질이 있는가 하면, 몇 분의 매우 짧은 반감기를 갖는 단백질도 있다. 또 잘못 만들어진 단백질이나 기능을 수행하다 손상된 단백질은 신속히 분해된다. 그러나 단백질의 분해에 대해서는 아직도 극히 일부분만 알려져 있다. 대부분의 1980년대 이전의 과학자들은 단백질 분해 과정이 불필요한 단백질을 제거하는 청소부 역할을 할 뿐이라고 보고, 단백질의 합성 과정에만 관심을 가졌었기 때문이다.

이런 시류에 반하는 일부 과학자들은 살아 있는 세포 내에서 일어나는 단백질의 분해 과정에 오히려 에너지가 필요하다는 연구 결과에 관심을 가지고 있었다. 그 이유는 세포 밖에서 일어나는 프로테아제(protease)라는 효소에 의한 단백질의 분해 과정에는 에너지가 전혀 필요하지 않기 때문이다. 그들에게 단백질의 분해 과정에 오히려 에너지가 필요하다는 것은 패러독스처럼 보였다.

유비퀴틴

세포 내 소기관인 리소좀 내에는 단백질 분해 효소가 있고, 이들이 단백질을 분해할 때는 에너지(ATP)가 필요 없다고 알려져 있었다. 그러나 1977년 골드버그(Goldberg) 등은 ATP를 이용하여 비정상적인 단백질을 분해하는 미성숙 적혈구 세포 추출 연구를 통해 단백질 분해에 ATP가 필요하다는 것을 밝혔다.

단백질 분해에 ATP가 필요한 이유를 규명하려던 헤르슈코(Hershko) 등은 처음에는 연구 대상을 간세포로 했다. 그러나 1977년부터 골드버그 등의 연구에 힌트를 얻어 미성숙 적혈구 세포 추출액으로 대상을 바꾸었다. 미성숙한 적혈구 세포 추출액에는 리소좀이 없어 ATP와 무관한 단백질 분해를 배제할 수 있었다. 그들은 세포 추출액이 헤모글로빈이 포함된 부분과 헤모글로빈이 포함되지 않은 부분으로 나뉠 수 있다는 것을 발견했다. 그리고 나누어져 있을 때는 ATP 의존 단백질 분해 과정이 양쪽 모두 일어나지 않지만, 그 두 부분은 다시 섞일 때 ATP 의존 단백질 분해가 일어난다는 것을 확인했다. 이를 통해 단백질 분해에 필요한 물질 APF-1(active principle in fraction 1)이 있음을 확신했다.

헤르슈코 등은 어느 날 연구실 회의를 하던 중, 서로 다른 주제를 연구하던 로즈(Rose) 등이 연구하는 유비퀴틴(ubiquitin)이 자신들의 연구 내용과 매우 비슷하다는 걸 깨달았다. 결국 헤르슈코 등의 APF-1가 로즈 등의 유비퀴틴이었다.

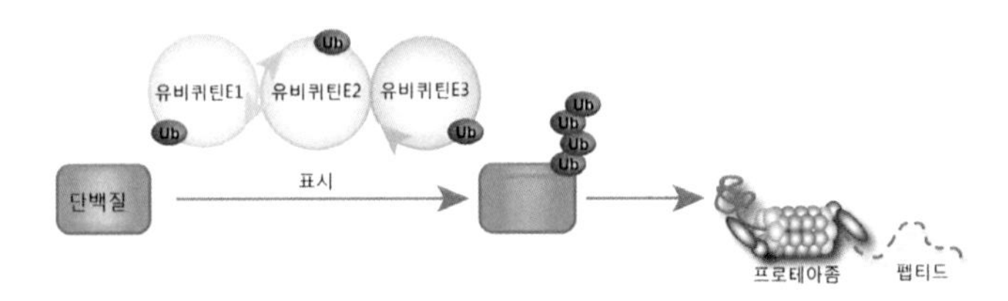

유비퀴틴은 76개의 아미노산으로 이루어진 작은 단백질이다. 가장 잘 알려진 유비퀴틴화의 기능은 세포 내 단백질 중에서 불필요한 단백질에 표시를 하는 것이다. 불필요한 단백질로 표시된 단백질은 단백질 분해 효소 복합체인 프로테아좀에 의해 분해된다. 유비퀴틴의 기능은 분해 표지자로서의 기능만 알려져 있었다.

그러나 이들의 연구를 통해 유비퀴틴이 불필요한 단백질을 표지할 때 일련의 효소계(E1, E2, E3)가 차례로 작용하며, 이것은 선택적으로 단백질을 분해하기 위한 표지 과정이라는 것을 알게 되었다. 뿐만 아니라 유비퀴틴이 활동을 시작하기 위해 효소 E1와 결합할 때 ATP가 사용된다는 사실도 밝혀냈다. 이를 통해 ATP가 쓰이는 단백질 분해 과정을 처음으로 이해하게 되었다. 최근에는 유비퀴틴의 신호전달 매개체의 기능, 생명 현상을 분자 수준에서 조절하는 역할 기능 등이 알려지고 있다.

세포막의 물 통로

화학상
(2003)

피터 아그레*Peter Agre*

이온 통로 구조

물은 우리 체중의 60~70%를 차지하고 있다. 인체의 구성 성분 중 가장 많은 비중을 차지한다. 세포 내부와 외부에 같은 농도로 물을 일정하게 유지하는 것은 세포의 매우 중요한 기능이다. 따라서 과학자들은 세포의 기능에 대한 많은 연구를 통해 18세기 중반부터 세포 내부와 외부의 물 농도가 다르면, 물은 세포막을 통과해 높은 농도에서 낮은 농도 쪽으로 이동한다는 것을 알게 되었다. 또한, 1877년 페퍼(Pfeffer)의 연구를 통해 세포막에 물이나 이온이 이동하는 이온 통로가 있다는 것을 알게 되었다.

1980년 오스트발드(Ostwald)는 살아 있는 세포에서 측정되는 전기 신호가 세포막을 통해 움직이는 이온 때문에 생긴다고 제안했다. 또 1952년 호지킨(Hodgkin) 등은 신경세포막을 통해서 이온이 한 신경세포에서 다른 신경세포로 어떻게 전달되는가를 밝혔다. 이를 통해 신경과 근육 세포막에 존재하는 이온 통로가 이온들을 통과시킴으로써 발생하는 전기적 신호에 의해 두뇌에서 생각한 것이 행동으로 나타날 수 있다는 것을 알게 되었다.

1970년대에 들어 한 특정 이온통로는 특정 이온만 통과시킨다는 것이 알려졌다. K이온 통로의 경우 K이온은 통과시키지만, 크기가 작은 Na이온은 통과시키지 않는다. 많은 과학자들은 원자 수준에서 이온 통로의 기능을 이해하기 위해서, X선 결정법을 사용해 이온 통로의 분자 구조를 밝히려 했다. 그러나 세포막에 있는 이온 통로를 포함한 단백질들은 불안정해서 X선 결정법으로 연구하기가 어려웠다.

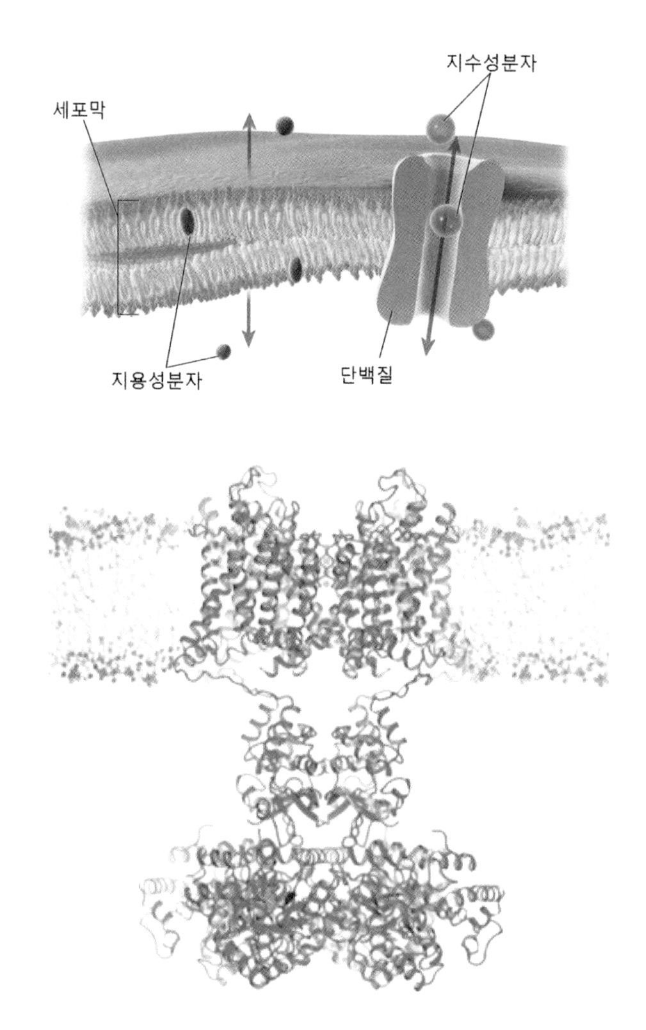

매키논(MacKinnon)은 1998년 X선 결정법을 사용하여 원자 수준에서 K이온 통로의 구조와 기능을 최초로 밝혔다. 이를 통해 우리가

개념적으로 알고 있던 이온 통로를 직접 눈으로 볼 수 있게 되었다. 이온 통로의 윗부분에는 K이온만이 통과할 수 있는 K이온 선택적 필터가 있다는 것을 발견했다. K이온 선택적 필터의 벽에는 K이온에 딱 맞게 산소 원자들이 구성되어 있어 K이온이 통과할 수 있지만, 크기가 작은 Na이온에는 딱 맞지 않게 산소 원자들이 구성되어 있어 Na이온은 통과하지 못한다. 또한, 매키논은 이온 통로의 문이 열리도록 감지하는 분자를 발견하여, 이온 통로의 문이 어떻게 열리는가를 밝혔다.

물 통로

1950년 이후 과학자들은 이온이 통과하는 것은 막고 물만 통과시키는 어떤 형태의 선택성 통로가 세포막에 있을 것이라고 생각하고 있었다. 따라서 과학자들은 물만 통과시키는 작은 통로의 실체가 무엇인지 관심을 갖고 연구해왔다.

아그레(Agre)는 1988년 적혈구 세포의 막단백질(membrane protein)을 연구하던 중, 특이한 세포막 단백질을 분리하는 데에 성공했다. 그는 이 세포막 단백질을 가지고 있는 세포는 물을 통과시키고, 가지고 있지 않은 세포는 물을 통과시키지 않는다는 것을 실험으로 관찰했다. 이 실험을 통해, 과학자들이 한 세기 이상 그토록 찾으려 한 물 통로가 세포막에 존재하는 단백질이라는 것이 밝혀졌다. 그는 이 단백질을 아쿠아포린(aquaporin, AQP)이라고 했다.

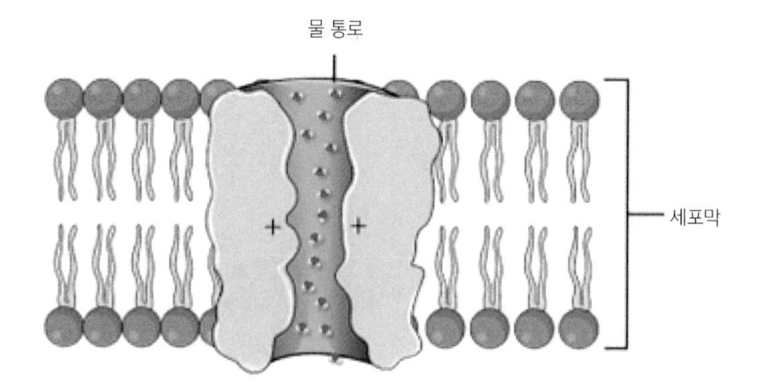

또한, 아그레는 신장 세포에서 특이한 물 통로를 발견했다. 이를 통해 인간의 신장은 하루에 약 180L의 물을 여과하고, 여과된 물의 99%인 178L는 재흡수되고 나머지는 오줌으로 배설되는데, 이 많은 양의 물을 흡수하는 것도 아쿠아포린에 의해 이루어진다는 것을 밝혔다. 이어서 아그레는 이 단백질의 3차원 구조를 밝혀 아쿠아포린이 어떻게 다른 분자는 통과시키지 않고 물 분자만 통과시키는지를 규명했다. 세포 내 이온과 물 통로에 대한 연구 결과를 통해서 신장이 오줌에서 어떻게 물을 회수하고, 신경세포에서 전기신호가 어떻게 생기고, 어떻게 전파되는지 등을 분자 수준에서 이해하게 되었고, 신장, 심장, 근육과 신경계 질병을 이해하게 되었다.

단백질의 3차원 구조

화학상
(2002)

쿠르트 뷔트리히*Kurt Wüthrich*

핵자기 공명 분광법

생명과학 연구의 주요 목표는 유전자에 의해 만들어지는 단백질의 기능을 규명함으로써 생명 현상의 원리를 밝히고, 이를 바탕으로 질병의 원인을 찾아 치유하는 데 있다. DNA를 모두 읽어내면 단백질이 어떤 아미노산으로 이루어져 있는지를 알 수 있다. 그런데 단백질이 어떤 아미노산으로 구성돼 있는지를 알더라도, 단백질이 어떤 기능을 하는지에 대해서는 거의 알 수 없다. 단백질의 기능을 파악하는 데 가장 도움되는 것은 단백질의 3차원적 구조와 질량을 정확히 측정하는 것이다.

단백질의 구조를 알아내기 위해서는 주로 핵자기 공명 분광법(NMR)과 X선 결정법을 사용한다. NMR은 단백질을 용액 상태에서 연구할 수 있고 결정화할 필요가 없어서, 단백질을 결정 상태로 만들어야 하는 X선 결정법에 비해 단백질 분석에 많이 사용되고 있다. 최근 일부 단백질에 대해서는 제한적으로 STED 현미경이 사용된 예도 있으나, 이는 극히 예외적인 경우에 속한다.

단백질을 이루는 분자는 원자로 이뤄져 있고, 원자는 전자와 핵으로 구성되어 있다. 그리고 핵은 강력한 자기장이 걸린 상태에서 핵의 고유 주파수(라디오파 정도)를 외부에서 걸어주면, 핵이 공명하면서 라디오 파를 흡수하게 된다. 이런 현상을 NMR이라고 한다. 최초의 에탄올 NMR은 1951년 스탠퍼드대에서 행해졌다. 핵에서 나오는 모든 신호는 주파수가 서로 다르므로 NMR 스펙트럼을 측정하면 그 물질이 어떤 것인가를 쉽게 파악할 수 있다.

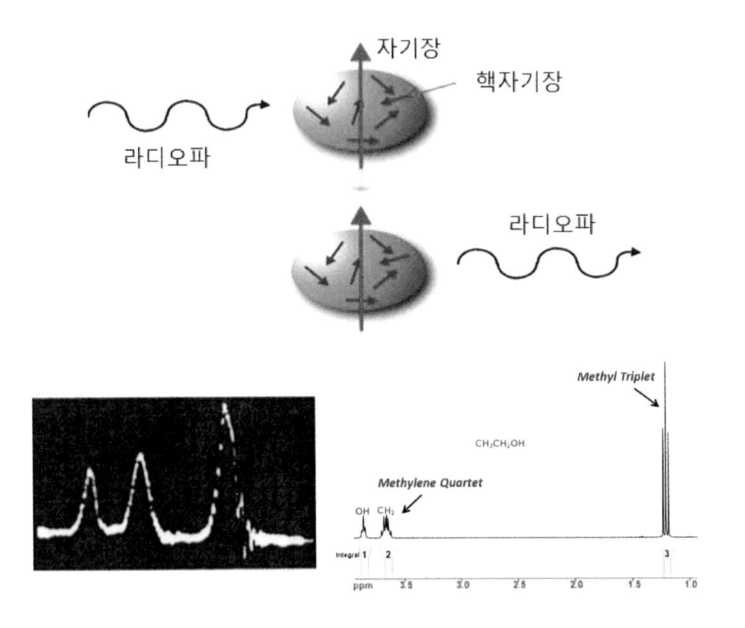

단백질의 구조

단백질에는 수많은 수소가 포함되어 있어서, NMR의 신호가 어느 수소 원자핵으로부터 나온 것인지를 판별하기가 불가능했다. 뷔트리히(Wüthrich)는 이런 문제를 해결하기 위해서 NMR 신호와 수소 원자핵을 일치시키는 체계적인 방법을 고안했다.

특정 수소 원자핵에 일정한 고정점 부여

나머지 수소 원자핵 간의 상대적 거리 측정

컴퓨터로 3차원 구조 계산

따라서 NMR을 이용한 생체분자 구조 결정 방법은 측정된 점들의 상대적 거리를 이용해서 점들을 연결하여 3차원 그림을 그리는 것과 같다. 즉, 떨어진 점들의 상대적인 거리를 계산하고 이들을 3차원 구조로 연결하기 위해서는 수많은 반복 계산이 필요하다. 그는 이 문제를 해결하기 위하여 컴퓨터를 이용한 3차원 구조 계산 방법을 고안해냈다. 그가 고안한 3차원 구조 계산 방법은 수많은 단백질 구조 규명에 적용되었다.

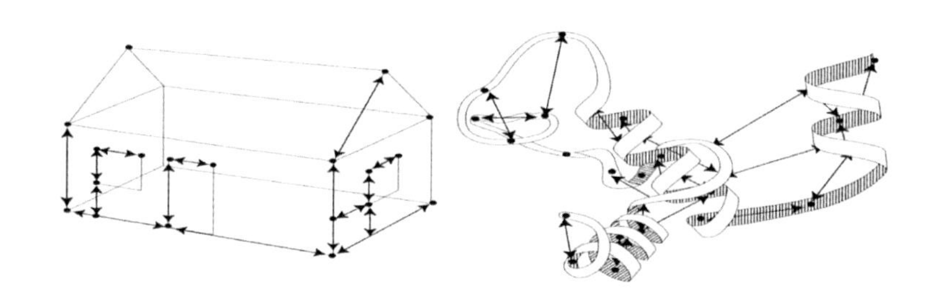

20세기 후반 NMR은 분자 구조를 알아내기 위해 널리 이용된 유용한 방법이었다. 그러나 작은 분자에만 사용할 수 있을 뿐, 단백질과 같이 비교적 큰 분자의 구조를 알아내는 데에는 한계가 있었다. 그런데 뷔트리히는 1997년 트로지(Transverse Relaxation Optimized Spectroscopy, TROSY)라는 NMR 실험 기법을 개발해서 분자량에 관계없이 NMR 방법을 입체 구조 규명에 적용할 수 있는 단초를 제공했다. 이를 통해 1990년 이래 NMR을 응용함으로써 단백질 구조의 이해에 많은 발전을 가져왔다. 오늘날 알려진 모든 단백질 구조의 15~20%는 NMR 연구로 밝혀진 것이다. 단백질의 3차원 구조를 알게 되면서 생명 현상을 분자 수준에서 이해할 수 있게 되었다. 이를 통해 분자 수준에서 의약품을 설계할 수 있게 되었고, 유방암, 전립선암의 조기 발견, 곡물 검사 등의 많은 분야에서 커다란 진전이 가능하게 되었다.

ATP 합성효소 구조

화학상
(1997)

존 워커*John Walker*

ATP

ATP는 1929년 로우만(Lohman)에 의해 처음 발견되었고, 1940년경 리프만(Lipmann)에 의해 세포 내에서 화학 에너지의 주요 역할을 한다는 것을 알게 되었다. ATP는 화학 결합을 통해 식품에서 나오는 화학 에너지를 저장하여 에너지가 필요한 세포를 구성하고, 근육 수축, 신경 전달 등에 중요하고 필수적인 에너지로 작용한다.

따라서 ATP는 박테리아와 곰팡이에서부터 식물과 인간에 이르기까지 모든 생물체가 생존하는 데 필수적인 에너지로서, 많은 양의 ATP가 매일 합성, 소비된다. 하루에 성인이 만드는 ATP의 총량은 자기 체중만큼이며, 심한 활동을 하는 사람은 체중의 몇 배까지 많은 양이 필요하다.

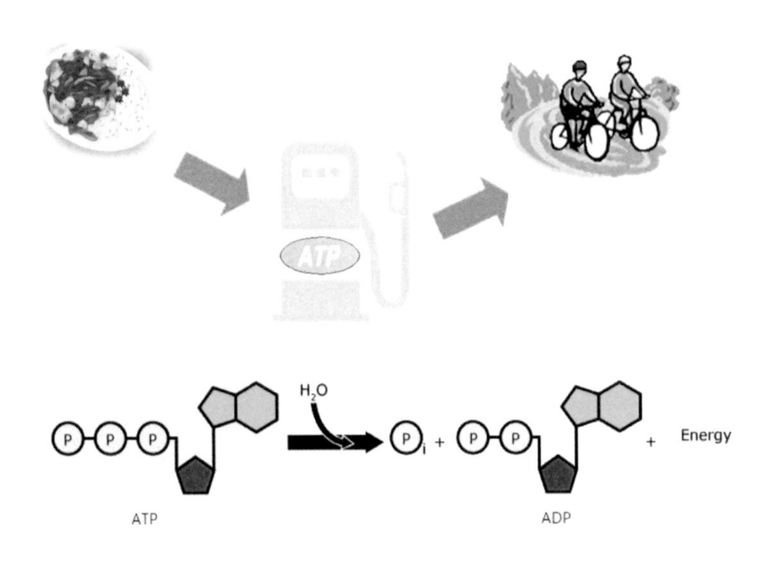

ATP는 아데노신 분자 1개가 고에너지 결합을 통해 3개의 인산기로 이루어진 사슬에 연결되어 있다. ATP에서 가장 바깥쪽 인산 1개가 떨어져 나가면, 아데노신이인산(ADP)으로 변한다. 이때 방출되는 에너지의 도움으로 생체 반응이 일어난다. 반대로 인산 1개가 ADP에 붙게 되면, 다시 ATP가 만들어진다.

1961년 미첼(Mitchell)은 화학삼투 가설을 주장했다. 그의 가설에 의하면, 수소이온 이동과 미토콘드리아의 내막에 있는 ATP 합성 효소가 기능적으로 연결되어 있다. 즉, 광합성과 세포 호흡에서 방출된 에너지는 세포막을 가로질러서 수소이온을 이동시킨다. 이때 ATP 합성효소는 수소이온의 이동에 의해 나타나는 세포막 밖과 안의 전압 차이를 이용하여 ATP를 합성한다고 했다. 그의 가설은 실험적 증거에 기초하지 않았기 때문에 과학자들에게 조건부로만 받아들여졌다.

1970년 후반 보이어(Boyer)는 ADP와 인산이 효소에 접촉되는 과정과 ATP가 제거되는 과정에서 에너지가 사용된다고 했다. 또한 ATP 합성효소를 세포막에 부착된 F_0와 세포막으로부터 떨어져 나와 있는 F_1으로 구성돼 있는 분자 동력기계로 비유했다. 그는 F_0이 돌 때마다 F_1이 구조변화를 일으켜 ATP라는 에너지원을 얻게 된다는 결합변화 구조를 제안했다.

ATP 합성효소

1980년 초 워커(Walker)는 ATP 합성효소에 관한 연구를 시작하고, 1994년에 ATP 합성효소의 활성 부위를 X-선 결정법을 이용하여 설명했다. 세포에서 탄수화물과 같은 에너지원을 산화시켜서 얻은 수소이온 농도의 차이로부터 ATP를 합성하는 과정은 단백질 모터에 의해 이루어진다. 이 단백질의 F_1 영역은 ADP와 인산으로부터 ATP를 합성하는 효소 활성을 지닌 부분으로, 세포막에서 세포질 쪽으로 돌출되어 있다. 반면에 F_0 영역은 막을 가로지르며 삽입되어 있는데, 수소이온을 통과시키면서 다른 단백질을 회전시킴으로써 ATP를 합성하도록 하는 것으로 추측되고 있다.

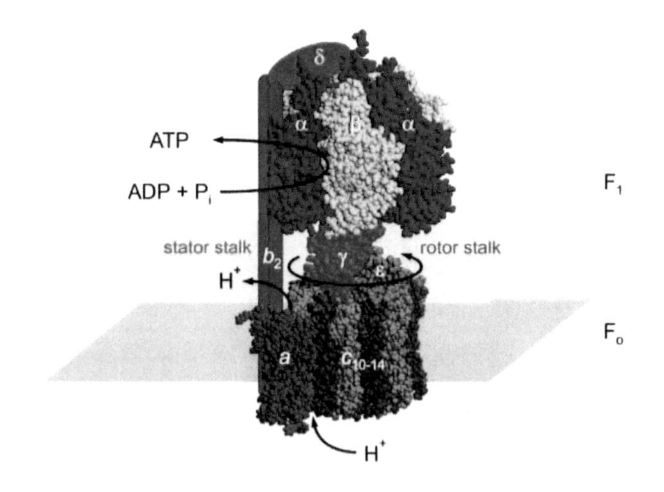

워커의 연구에서 밝혀진 구조는 ATP 합성효소가 두 개의 단백질로 이뤄졌는데, 하나는 세포막에 박혀 있고 다른 하나는 세포막 바깥으

로 마치 손을 뻗는 것처럼 향해 있어, 보이어의 구조와 일치했다. 이를 통해 1970년대 후반에 보이어가 제안한 결합변화 구조는 1994년에 이르러 워커의 연구를 통해 과학자들 사이에서 인정받게 되었다.

워커 등은 연구를 통해 ATP 합성효소가 분자 기계에 비유될 수 있다는 것을 보여주었다. 분자 기계의 회전 뒤틀림 축이 '생물학적 전기'인 수소이온의 흐름에 의해 단계적으로 작동한다는 것을 밝혔다.

오존의 생성과 분해

화학상
(1995)

폴 크루젠*Paul Crutzen*

오존

오존은 태양으로부터 나오는 자외선에 의해 지구 대기의 상부에서 자연적으로 형성된다. 지구를 둘러싸고 있는 대기에 존재하는 소량의 오존은 자외선의 95~99% 정도를 흡수하여 지표면에 자외선이 도달하지 않도록 한다. 만약 오존이 없다면 태양으로부터 강력한 자외선이 직접 지표에 도달하여, 자연 생태계에 영향을 미칠 것이다.

오존층의 존재는 19세기 후반, 태양 스펙트럼에서 파장이 300㎚ 이하인 자외선이 없고, 오존이 자외선을 강하게 흡수하는 성질이 있다는 연구 결과를 통해서 예언되었다. 2차 세계대전 후 30㎞ 이상의 상공에 300㎚ 이하의 자외선이 있음이 확인됨으로써, 자외선을 흡수하는 오존층이 30㎞ 이하 성층권에 존재한다는 것이 증명되었다.

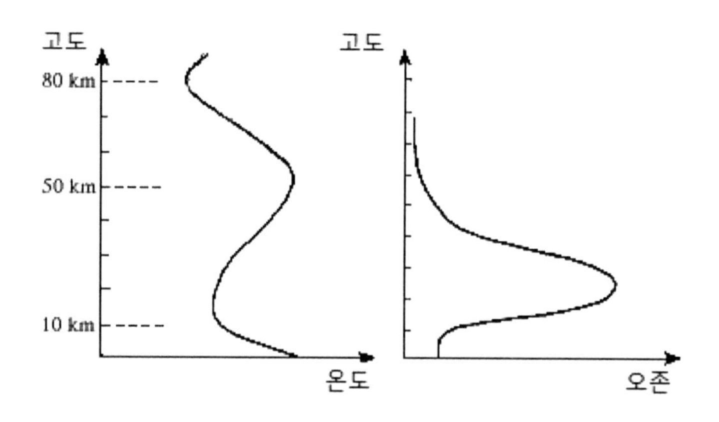

1930년 채프맨(Chapma)은 성층권의 오존층 형성 과정을 이론으로 설명했다. 그의 이론에 따르면, 자외선에 의해 산소 분자가 분해되어 산소 원자들이 만들어지고, 이때 만들어진 산소 원자 하나가 다른 산소 분자와 결합해 오존을 형성한다. 오존을 분해하기 위해서는 강한 에너지를 가진 자외선 영역의 태양광이 필요하고, 산소 원자가 가진 에너지를 낮추어 산소 분자와 결합하기 위해서는 완충제(질소 산소 등)가 필요하여, 두 가지 조건을 충족시키는 적정한 높이가 되어야 한다고 했다.

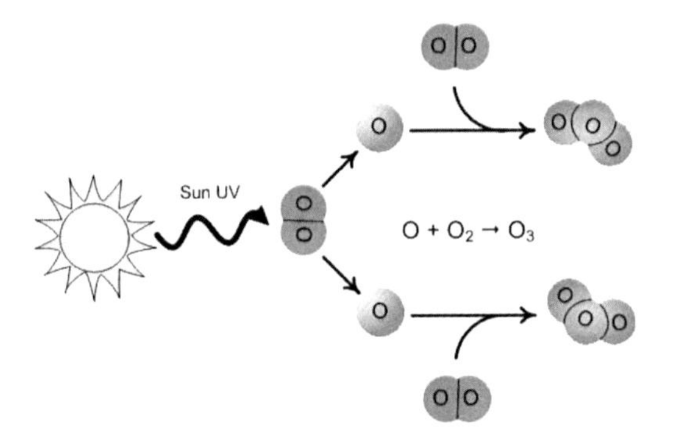

오존 구멍

1974년 모리나(Molina) 등은 냉장고나 에어컨의 냉매제, 헤어스프레이용 분무제 등으로 쓰이는 염화불화탄소(CFC, 프레온)가 성층권 오존층을 파괴한다는 논문을 처음 발표했다. 그들의 논문에 의하면, 프레온이 성층권으로 올라가면 강한 자외선에 의해 분해되어 오존을 파괴한다고 했다. 이 연구를 통해 인간이 만든 가장 안전한 무공해 화합물로 믿어지던 프레온의 사용을 전면적으로 규제해야 한다는 의견이 적극적으로 개진되었다.

1985년 남극에서 오존 구멍이 발견되었고, 그해 파먼(Farman) 등은 남극에서 오존의 변화를 측정했다. 그러나 그들의 측정 자료에 의하면, 오존의 감소는 예상했던 것보다 훨씬 커서 프레온만으로는 설명할 수 없게 되었다. 이를 통해 과학자들 사이에 오존의 급격한 감소가 자연적인 기후 변화, 또는 프레온 분해를 초래하는지에 대한 논쟁이 심화되었다.

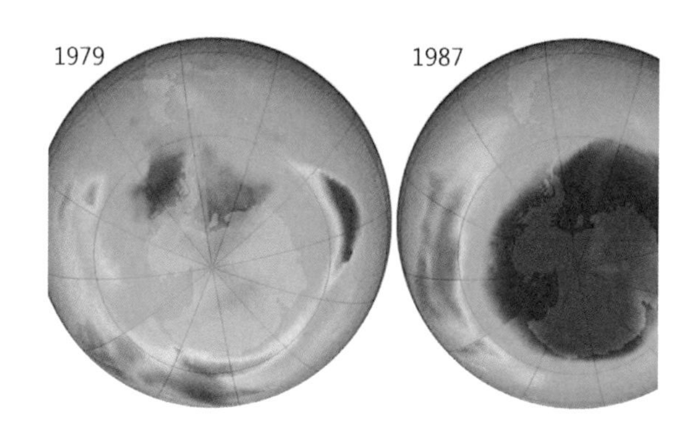

1970년 크루젠(Crutzen) 등은 성층권에서 질소 산화물인 NO 및 NO_2가 촉매 역할을 하여 오존의 급격한 감소를 일으킨다는 논문을 발표했다.

$$NO + O_3 \rightarrow NO_2 + O_2$$

이때 사용되는 질소 산화물은 토양 박테리아로부터 유래한 화학적으로 안전하고 수명이 긴 아산화질소(N_2O)이다. 크루젠 등은 아산화질소가 성층권에서 산화질소의 양에 영향을 줄 수 있다는 것을 실험으로 확인했고, 이를 통해 아산화질소의 증가는 비료 사용의 증가와 관련이 있을 것이라고 주장했다. 인간의 활동이 성층권 오존층에 영향을 줄 수 있다는 생각을 통해 최근 지구의 생물화학 순환 과정에 대한 연구에 강한 동기를 부여했다.

광합성 단백질 구조

로버트 후버*Robert Huber*

광합성

생명체에게 에너지 확보는 매우 중요한 일이다. 생명을 유지하고 각종 생명 활동을 하기 위해서는 각종 에너지가 필요하다. 에너지가 없으면 생물은 생명력을 유지할 수 없다. 따라서 생물체는 에너지를 확보하기 위해 다양한 생화학 반응들을 사용한다. 그중 광합성은 빛 에너지를 화학 에너지로 전환하는 과정이다. 그러나 생명체 내에서의 광합성은 복잡한 여러 반응 단계를 거쳐 일어난다.

광합성은 식물뿐만 아니라 광합성 박테리아에서도 일어난다. 생명체에 따라 광합성이 일어나는 곳과 반응 경로가 다를 수도 있으나, 광합성이 일어나는 곳은 주로 생체막(세포막 또는 엽록체의 막)에 있다. 생체막에는 빛 에너지를 흡수할 수 있는 분자들과 전자를 운반할 수 있는 분자들이 단백질과 복합적으로 결합된 구조를 가지고 있다

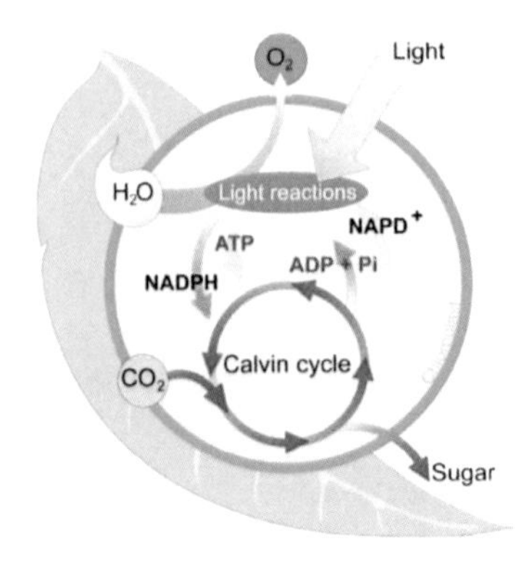

광합성 반응 과정은 명반응(Light reaction)과 암반응(Calvin cycle) 단계로 나눌 수 있다. 명반응 단계는 엽록소에서 NADPH, ATP 등의 화학 에너지를 생성, 저장하는 과정으로서, 빛을 흡수하고 전자를 방

출하게 된다. 명반응에서 만들어진 NADPH와 ATP는 암반응에서 식물은 이산화탄소가 포도당으로 만들어지는 반면, 광합성 세균은 포도당이 만들어지지 않고 ATP가 만들어진다. 광합성 세균은 광합성 작용을 통해 만들어진 ATP를 가지고 필요한 일들을 진행하는 데 에너지원으로 사용한다.

단백질 복합체

박테리아의 광합성은 세포막에 결합된 단백질 복합체를 통해 전자를 전달함으로써 이루어진다. 따라서 광합성 과정을 자세히 이해하기 위해서 광합성과 관련된 단백질 복합체의 3차원 구조를 밝히는 것은 매우 중요한 일이다. 그러나 단백질 복합체의 3차원 구조를 X선 결정법(X선 회절을 이용)을 이용하여 연구하기 위해서는 결정으로 만들어야 한다. 그런데 단백질 복합체를 결정으로 만드는 것은 오랫동안 불가능했다 .그러나 1982년 미헬(Michel)이 박테리아에서 광합성에 관여하는 단백질 복합체를 매우 정렬된 결정으로 만드는 데 성공하면서 상황은 크게 바뀌었다.

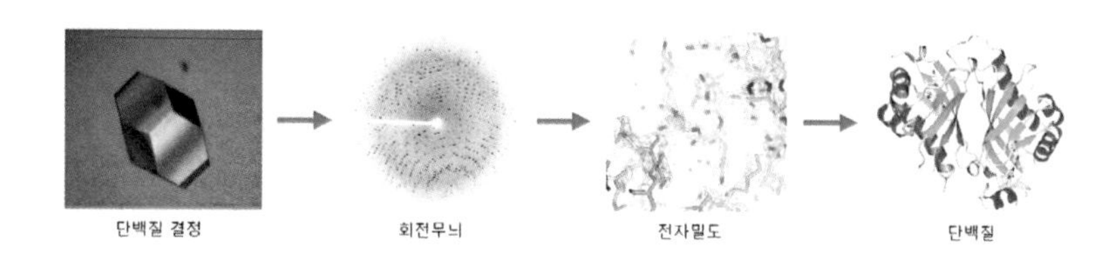

1985년 후버(Huber) 등은 광합성 박테리아(Rhodopseudomonas viridis)에서 세포막과 결합되어 있는 단백질 복합체에 대해, X선 결정법을 이용하여 광합성 활성 성분인 박테리오 클로로필(BK), 박테리오 파라핀(BF), 퀴논(Q) 및 철(Fe) 등의 3차원 구조를 밝힘으로써, 광합성 명반응 단계를 이해하는 데 중요한 계기를 마련했다.

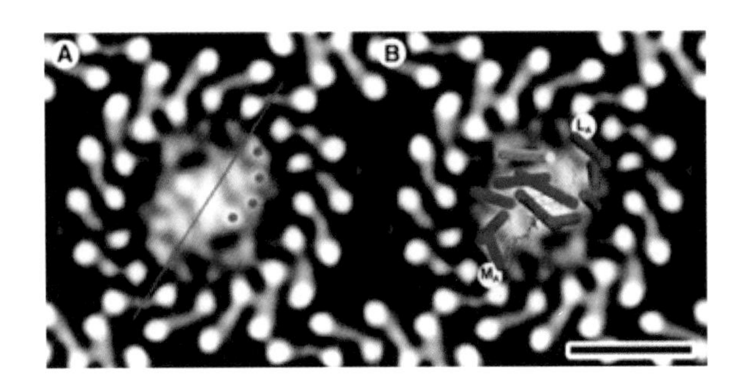

이를 통해 세포막과 결합되어 있는 단백질 복합체의 구조적 원리를 밝히고, 생체 시스템에서 빠르게 움직이는 전자 이동의 기본을 이해하기 위한 중요한 도구를 제공하여, 광합성과 거리가 먼 분야에서도 중요한 의미를 가진다.

중성미자 진동

물리학상
(2015)

타카시 카지타*Takaaki Kajita*

중성미자

입자물리학의 표준 모형은 우주와 물질의 근원이 되는 전자기력, 약력, 강력의 3가지 기본 힘을 함께 기술하면서 소립자의 존재와 상호작용을 설명해주는 이론이다. 업다이크(Updike)의 시에서 묘사될 정도로 표준 모형은 중성미자를 질량이 없는 것으로 가정해왔다.

〈우주의 흠집〉
뉴트리노, 이들은 매우 작다네
전하도 질량도 없지
그리고 전혀 상호작용도 전혀없지
지구는 중성미자에게 단지 단순한 공이어서
중성미자는 그냥 지나갈 뿐이네
……

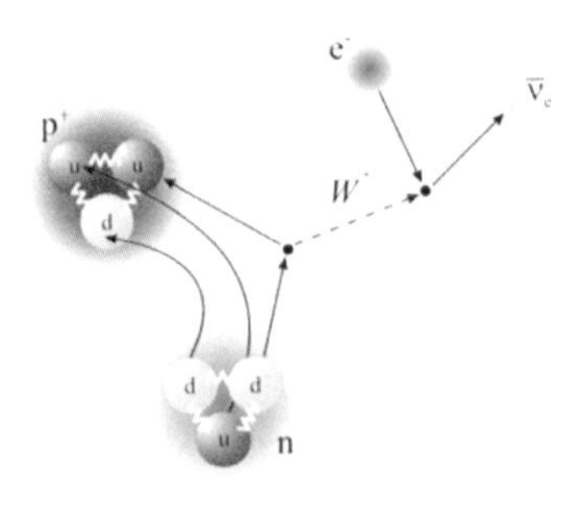

원자의 핵을 구성하는 양성자(p)와 중성자(n) 속에는 쿼크(u, d)가 존재한다. 이 쿼크들 사이의 변환이 일어난다는 것은 이미 알려져 왔다. 따라서 과학자들은 중성미자들 사이에도 변환이 일어날 수 있는지에 대해서 오래 전부터 연구해왔다. 1959년 폰테코르보(Pontecorvo)는 처음으로 중성미자가 질량을 가지고 있으며, 이 증거로 전자(electron) 중성미자와 뮤온(μ) 중성미자는 다른 종류이고, 전자 중성미자가 뮤온 중성미자로 될 수 있다고 예측했다.

1980년대에는 중성미자도 전자(electron), 뮤온(μ), 타우(τ) 3가지의 종류가 있고, 그들 사이에 서로 변환이 가능하다는 가설이 널리 알려져 있었다. 또한, 어떻게 하면 중성미자를 발견할 수 있을지에 대한 아이디어가 구체적으로 이미 나와 있었다. 문제는 누가 어떻게 각국의 정부를 설득하여 예산을 확보하고, 거대 연구 집단을 형성하여 세계 최초로 실험을 하는가였다.

중성미자 검출

1983년부터 고시바(Koshiba)는 약 3,000톤의 정제된 물을 사용한 카미오칸데 검출기를 사용하여 양성자 붕괴를 찾고 있었다. 그리고 1985년부터는 동경대학과 펜실베이니아대학이 협력하여 카미오칸데를 개조하여 태양 중성미자 관측을 시작했다. 개조된 카미오칸데는 지하 1,000m의 광산에 약 5,000톤의 물을 담은 특수 탱크로 이루어진 입자 검출기였다. 그는 이 검출 장치를 이용하여 1987년 17만 광년 떨어진 초신성의 폭발로부터 나오는 중성미자 12개를 역사상 처음으로 관측했고, 1988년 태양 중성미자도 관측했다.

이 무렵 동경대학 연구원이었던 카지타(Kajita) 등은 1998년 대기에서 만들어지는 뮤온 중성미자의 양이 예측보다 적다는 사실을 발견하고, 진동 변환을 예측하기 시작했다. 그는 기존 카미오칸데보다 훨씬 크고 물의 양도 10배인 5만 톤으로 늘린 슈퍼 카미오칸데를 건설하여 중성미자 검출 실험을 했다.

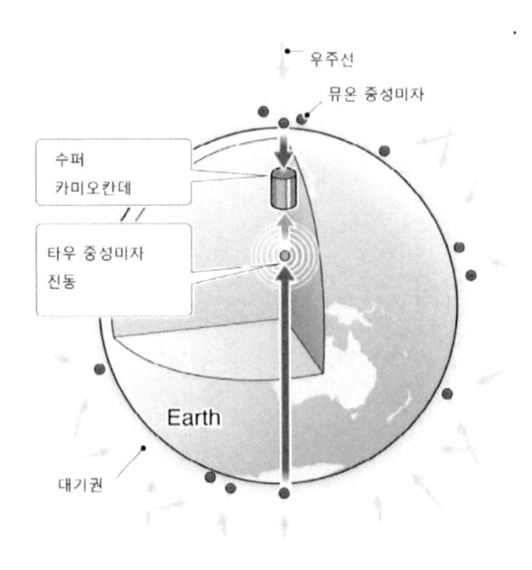

1998년 카지타는 슈퍼 카미오칸데 실험에서, 상공으로 날아오는 뮤온 중성미자와 지구 반대편의 같은 각도에서 날아오는 뮤온 중성미자의 수를 비교할 때, 뮤온 중성미자의 수에서 차이가 발생한다는 것을 관찰했다. 상공의 중성미자는 바로 날아오는 것이지만, 지구 반대편에서 온 것은 뮤온 중성미자가 다른 중성미자로 진동 변환하여 개수가 줄어든 것이라고 해석할 수 있다. 카지타는 이를 통해 뮤온 중성미자가 날아오는 도중에 다른 종류의 중성미자로 변환(진동)이 일어남을 발견했다. 중성미자 변환의 발견은 기존에 알려진 것과는 달리, 중성미자에 질량이 있을 가능성이 훨씬 크다는 점을 입증한 것이다. 이를 통해 입자물리학의 표준 모형은 보완이 불가피하게 되었다.

청색 발광 다이오드

물리학상
(2014)

히로시 아마노*Hiroshi Amano*

발광 다이오드

고체 재료에서 전류의 흐름에 의해 빛이 방출되는 현상은 라운드(Round)에 의해 발견되었다. 당시 라운드는 비싼 진공관을 대체하기에 유망한 탄화규소 결정의 전기적 특성을 연구하는 과정에서, 탄화규소 결정에서 빛이 방출되는 현상을 우연히 관찰했다. 1907년 그는 우연히 관찰한 전류발광 현상을 Electrical World에 두 문단으로 이루어진 짧은 논문으로 발표했다. 하지만 당시에는 큰 주목을 받지 못했다. 이 우연한 발견이 훗날 혁명을 가져올 것이라곤 생각하지 못했지만, 이 논문은 발광 다이오드(LED) 100여 년의 역사를 여는 첫 번째 논문으로 평가되고 있다.

그 후 1962년 적외선 LED를 개발 중이던 홀로니악(Holonyak)은 빨간색 LED를 개발하는 데 성공했다. 적색 LED의 발명은 III-V 화합

물 반도체가 연구되기 시작한 지 불과 10여 년 만에 이루어진 성과였다. 적색 LED가 발명된 지 불과 6년 후인 1968년 로간(Logan)은 녹색 LED를 개발했다. 여러 층의 반도체 물질로 이뤄진 발광 다이오드(LED)는 양(+)의 전기적 성질을 가진 p형 반도체와 음(-)의 전기적 성질을 지닌 n형 반도체의 이종접합 구조로 되어 있다. 즉, 전자(electron)가 많아 음의 성격을 띤 n형 반도체와 전자의 반대 개념인 양공(hole)이 많아 양의 성격을 띤 p형 반도체가 얇은 층 형태로 붙어 있다.

청색 LED

LED는 n형과 p형의 반도체 물질들로 구성된다. 전압을 걸어주면 n형에서 전자들이 나오고 p형에서 양공이 나와, 전자와 양공이 결합하면 거기서 빛이 방출된다. 이때 빛의 파장은 반도체 물질들에 따라 달라진다. 그러므로 파장이 상대적으로 짧은 빛인 청색광을 내려면, 그에 걸맞은 n형과 p형을 개발해 층 구조를 만들고, 에너지 효율을 높이려는 연구개발도 필요했다.

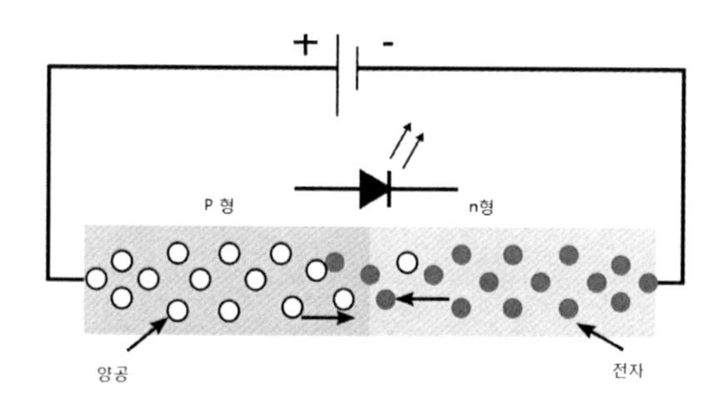

청색 LED에 대한 연구는 1960년대부터 이루어지기 시작했다. 청색 빛을 방출할 수 있는 후보 반도체 물질로서 SiC, ZnSe, GaN 등에 대한 연구가 많이 이루어져왔다. 마루스카(Maruska)는 최초로 단결정 GaN 박막을 실현했다. 이는 최초의 청색 발광소자의 연구로 인정되고 있다.

그러나 성장된 GaN 박막은 결정 결함에 의해 자연적으로 n형 특성을 나타냈고, p형으로 도핑하고자 하는 모든 시도는 실패했다. 그 후로 GaN의 p형 도핑은 오랜 난제로 남아 있었다. 많은 연구자들은 ZnSe 등의 화합물 반도체로 눈을 돌려 연구하기 시작했다. 그러나 신뢰성에 치명적인 단점이 있어서 청색 발광소자로서의 ZnSe에 대한 연구는 결국 중단되었다.

1989년 나고야대학의 대학원생인 아마노(Amano) 등은 Mg로 도핑된 GaN를 전자현미경으로 관찰한 후 p형 전도성이 생긴다는 사실을 우연히 발견했다. 이 연구는 p형 GaN을 실현한 것으로, LED 역사상 가장 중요한 청색 LED 발견의 하나였다. 곧이어 일본 니치아(Nichia)의 나카무라(Nakamura)가 열처리 과정을 통해 보다 손쉽게 Mg 도핑된 GaN에 p형 전도성을 갖게 하는 방법을 개발했고, 이를 토대로 보다 효율적이고 양산 가능한 청색 LED 개발이 가능하게 되었다.

LED는 전기를 직접 빛(광자)으로 바꾸기 때문에 전기의 대부분이 열로 발산되고 일부만 빛을 내는 데 쓰이는 다른 조명에 비해 높은 에너지 효율을 지닌다. 또한, 내구성 면에서 백열전등이 1000시간, 형광등이 1만 시간인 데 비해, LED는 10만 시간에 이른다. 따라서 청색 LED 개발을 통해 LED 이전의 광원보다 더 오래가고 더 효율적인 새로운 방식의 흰색 조명을 사용할 수 있게 되었다. 이를 통해 세계 전기 소모의 4분의 1가량이 조명용으로 사용되기 때문에, 고효율의 LED 전등은 지구 자원을 절약하는 데도 크게 공헌하고 있다.

개별 양자계의 측정

물리학상
(2012)

데이비드 와인랜드*David Wineland*

양자 상태

1899년 플랑크(Planck)는 고온의 물체에서 나오는 빛의 색상 분포를 설명하기 위해, 빛의 에너지가 연속적이 아니라, 특정한 상수(h)와 진동수를 곱한 값의 정수 배로만 주어진다는 새로운 가설을 소개했다. 이후 아인슈타인(Einstein), 하이젠베르크(Heisenberg) 등의 과학자들의 연구를 토대로, 기존 고전역학으로는 설명할 수 없는 물질의 운동과 에너지 특성을 설명하는 양자역학이라는 학문이 등장했다.

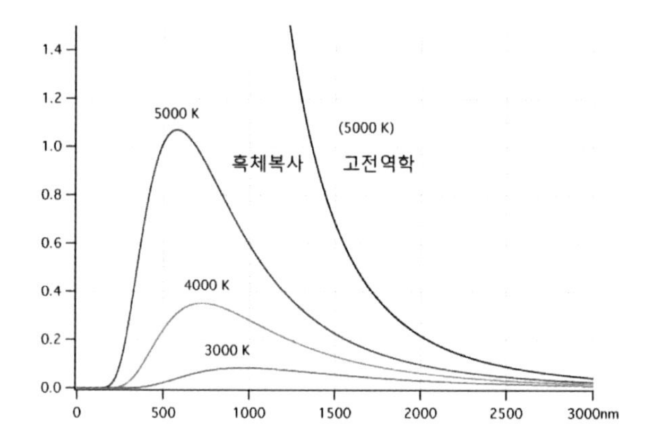

양자역학의 등장은 기존의 물리학에 대한 이해를 크게 변화시켰다. 미시 세계에서는 고전역학에 존재하지 않았던 양자 상태의 중첩(superposition)과 얽힘(entanglement)이라는 새로운 개념이 도입었다. 슈뢰딩거(Schrödinger)는 미시 세계에서 물리 현상이 보이는 양자 상태의 중첩을 이해하기 위해, '슈뢰딩거의 고양이'라는 매우 흥미로운 사고 실험을 제시했다. 방사성 원자가 붕괴하면 독가스가 방출되도록 하는 장치를 설치하고, 외부와 완벽히 차단된 박스 안에 슈뢰딩거 고양이를 가둬놓는다. 이때 방사성 원자의 붕괴는 양자역학 법칙을 따르기 때문에, 붕괴된 상태와 붕괴되기 전 상태가 공존하는 중첩 상태에 있다. 즉 우리 눈으로 볼 수 없는 미시 세계에서 박스 안의 고양이는 살아 있으면서도 죽었을 수도 있다고 하는 중첩 상태에 놓이게 된다.

$$|\Psi\rangle = \frac{|\ \rangle + |\ \rangle}{\sqrt{2}}$$

양자 중첩

와인랜드(Wineland)는 생각으로만 할 수 있던 사고 실험을 실제 실험을 통해 구현하기 위하여, 베릴륨 원자에서 전자 하나를 떼어내 베릴륨 이온을 만들었다. 여기에 레이저로 이온의 열적 움직임을 제어해서 매우 낮은 에너지 상태인 개별 양자 상태를 만들었다. 이렇게 만들어진 개별 양자 상태에 다른 종류의 레이저(펄스 레이저)를 가하면, 가장 낮은 에너지로 준비된 이온의 상태를 높은 에너지 상태로 바꾸도록 유도할 수 있다. 이런 방법으로 원자의 에너지가 바닥 상태도 아니고 들뜬 상태도 아닌, 중첩된 상태를 만들었다. 이 실험을 통해 이론적으로만 존재하던 양자 상태의 중첩을 실험으로 관측해냈다.

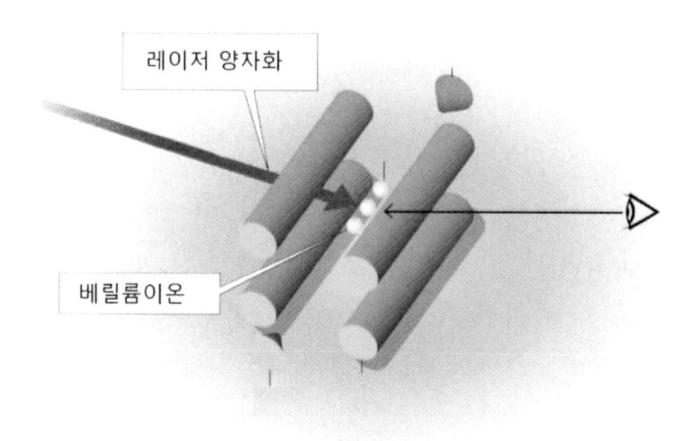

와인랜드의 연구는 큐비트(qubit, quantum bit)를 이용해 양자 연산이 가능하게 하여, 미래의 컴퓨터로 꼽히는 양자 컴퓨터의 가능성을 제시한 것으로 평가된다. 우리가 쓰는 컴퓨터는 정보의 최소 단위로 0과 1이라고 불리는 비트(bit)를 사용한다. 이에 비해 양자 컴퓨터의 비트는 0 상태와 1 상태가 중첩된 큐비트로 불린다.

따라서 일반 컴퓨터는 2비트이면 00, 01, 10, 11 등 네 가지 중 하나가 되지만, 2큐비트는 네 가지가 동시에 다 가능하다. n개의 양자 비트가 있을 때 동시에 생성할 수 있는 상태의 수는 2n개가 된다. 현재 컴퓨터로 더 복잡한 계산을 더 빨리하려면 컴퓨터를 병렬로 연결하는데, 양자 컴퓨터는 2의 컴퓨터 수 제곱으로 컴퓨터 능력이 늘어난다. 따라서 양자 컴퓨터는 기후변화 모델링, 암호 해독처럼 엄청난 양의 자료를 고속으로 처리해야 하는 작업에 유용하게 쓰일 수 있다.

우주의 가속 팽창

물리상
(2011)

브라이언 슈미트*Brian Schmidt*

우주론의 변화

1915년 아인슈타인(Einstein)이 발표한 일반상대성 이론에 의하면, 시간이 지나면서 우주의 크기는 중력에 의해 수축한다는 연구 결론을 얻게 되었다. 그러나 당시 알려진 '우주는 크기가 변하지 않는다'는 정적 우주를 선호하던 아인슈타인은 정적 우주론에 맞추기 위해서 일반상대성 이론에 우주 상수를 추가해 우주를 정적인 것으로 해석했다.

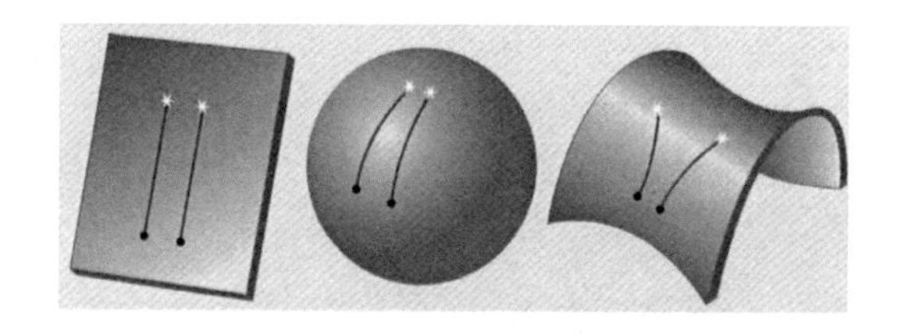

1929년에 허블(Hubble)은 은하들이 후퇴하고 있음을 관측했고, 이를 통해 우주가 팽창한다는 사실을 발표했다. 결국, 아인슈타인은 1931년 '우주는 무한하고 정적이다'라는 당시의 상식에 맞추기 위해 억지로 우주 상수를 도입한 것을 수정했다. 허블의 우주 팽창설은 두 가지 점에서 과학자들의 궁금증을 자아냈다. 하나는 우주가 팽창하기 전으로 돌아가면 어떤 모습일까 하는 것이고, 또 하나는 우주가 언제까지 팽창할 것인가 하는 것이다.

SN1a 초신성

밤하늘에 갑자기 나타난 것처럼 보이는 별을 우리나라에서는 손님별, 서양에서는 신성(nova)이라고 불렀다. 신성보다 훨씬 밝은 별을 초신성이라고 한다. 초신성은 한 은하에서 50년 정도에 하나씩 태어난다고 예상된다. 그래서 초신성 1개 정도를 발견하려면 한 은하를 50년 동안 관측해야 한다. 그러나 50년은 예상이고, 실제로 우리 은하에서는 1604년에 초신성이 마지막으로 발견되고, 그 이후 현재까지 발견되지 않았다. 그만큼 초신성의 발견은 매우 어렵다.

초신성 중 SN1a 유형은 백색 왜성이 근접한 적색 거성의 물질을 빨아들이다가, 질량이 태양의 1.4배에 이르는 순간 폭발이 일어난다. 이때 내뿜는 빛의 밝기는 폭발 당시 질량에 비례한다. 그러므로 SN1a 유형의 초신성들은 밝기가 거의 같다. 따라서 우리 눈에 보이는 빛의 밝기를 측정하면, 초신성까지의 거리를 계산할 수 있다.

슈미트(Schmidt) 등은 가까운 거리에서 먼 거리까지 50여 개의 SN1a 초신성을 관측했다. 이를 통해 초신성이 가장 밝아졌을 때의 밝기가 우주팽창 속도가 일정한 경우에 비하여 약 30% 어둡다는 것을 발견했다. 이는 이들의 거리가 우주팽창 속도가 일정한 경우에 비하여 15% 더 멀다는 것을 보여준다. 이 결과는 수십억 광년부터 현재까지 우주의 팽창 속도가 가속되고 있다는 것을 의미했다. 이는 당시 많은 과학자들이 했던, 우주가 팽창하고 있지만, 시간이 지나면서 팽창 속도가 줄어들 것이라는 예측과 반대되는 결과였다.

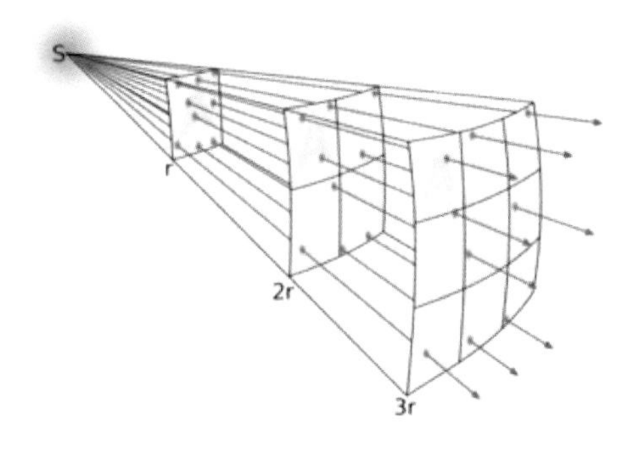

슈미트(Schmidt) 등의 결과를 통해 우주의 가속 팽창을 인정하게 되었다. 그런데 우리가 알고 있는 과학으로는 가속 팽창을 설명할 길이 없으므로, 우리가 모르는 무엇인가를 도입해야 한다. 첫 번째는 우주 상수나 미지의 암흑 에너지를 도입하는 것이다. 두 번째는 미지의 물질을 도입하는 대신, 아인슈타인의 중력을 거시적 공간에서 수정하는 것이다. 세 번째 방법은 우주 표준 모형이 기반하고 있는 원리 중에서 우주의 균일성을 부정하는 것이다. 이 중에서 암흑 에너지를 도입해 우주의 가속 팽창을 설명하는 방법이 가장 잘 알려져 있다. 그래서 흔히 우주 가속 팽창의 발견을 암흑 에너지의 발견이라고도 한다.

거대 자기저항

물리학상
(2007)

페터 그륀베르크*Peter Grünberg*

하드디스크

컴퓨터 저장 장치인 하드디스크는 자석처럼 자성을 띠는 물질(자성 물질)이 만드는 자기장의 방향이나 세기를 이용해 데이터를 기록하고 읽는다. 정보를 처리하는 데 자성 물질을 이용하는 이유는 전류가 흐르는 헤드를 이용해서 자성 물질의 방향을 변화시킬 수 있기 때문이다.

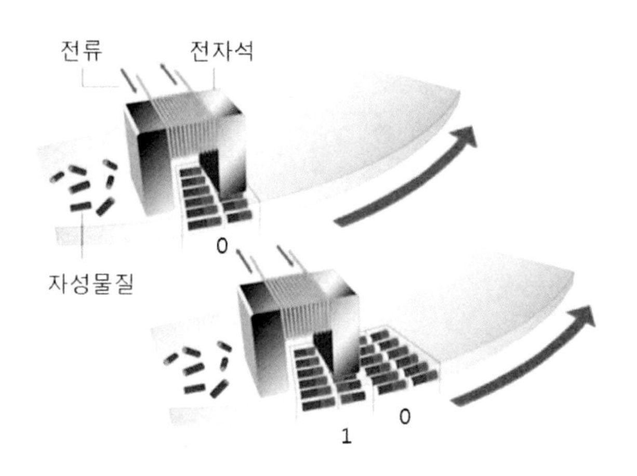

또한, 헤드가 자성을 띠는 물질이 입혀진 디스크 위를 지나면, 자기저항(Magnetoresistance, MR) 효과 때문에 헤드에 흐르는 전류가 감소한다. 만약 자성 물질이 없는 부분을 지나면 전류가 다시 증가한다. 이 전류 차이를 1과 0으로 읽어내는 원리이다. 자기저항 효과는 강자성체 합금에 자기장을 가하면서 전류를 흘려주면 자기장이 없을 때보다 전기저항이 커지는 현상으로, 1856년 톰슨(Thomson)이 처음으로 발견했다.

1956년 IBM이 자기저항 효과를 응용하여 만든 최초의 하드디스크는 자기 테이프 방식의 RAMAC305였다. RAMAC305는 냉장고 2대 크기에 무게가 1톤에 이르지만, 저장 용량은 5MB(메가바이트)에 불과했다. 오늘날 MP3 음악 파일 한 개밖에 저장할 수 없는 용량이다.

MR 하드디스크 헤드 기술 덕분에 1㎠ 당 1MB였던 하드디스크의 메모리 용량은 10MB까지 증가했다. 하지만 MR 하드디스크 용량 확장은 거대 자기저항(Giant Magneto resistance, GMR) 하드디스크 용량 폭발의 서곡에 불과했다.

GMR

1988년 그륀베르크(Grünberg)는 자성체인 철과 반자성체인 크롬을 수 ㎚의 두께로 번갈아 중착한 초격자 다층 박막에 전류를 흘려주면, MR의 수십 배에 이르는 매우 큰 전기저항이 생기는, 이른바 GMR 현상을 발견했다.

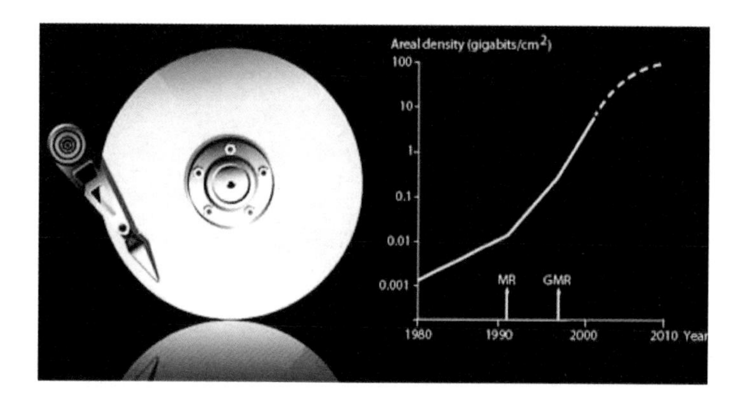

GMR의 중요성은 컴퓨터 하드디스크의 저장 용량이 커지면서 더욱 더 커지고 있으며, 지금도 전 세계 수많은 사람들이 그 혜택을 누리고 있다. 예를 들면 저장 용량이 커지려면 더 작은 영역에, 더 약한 자기장으로 정보를 저장해야 한다. 그런데 그 정보를 읽어내려면 그만큼 작은 차이를 정확히 읽어낼 수 있는 민감한 판독 장치가 필요하다. 따라서 GMR 효과가 꼭 필요하다.

기억 용량이 4.5GB를 넘어서는 하드디스크는 GMR 효과를 이용해야 가능한 것으로 알려져 있다. 만약 GMR의 발견이 없었다면, 우리는 아직도 500GB가 아닌 500MB 수준의 하드디스크를 쓸 수밖에 없고, 인터넷과 IT의 발전도 더딜 수밖에 없었을 것이다. 그륀베르크는 GMR 특허를 가지고 있으며, GMR 헤드를 쓰는 하드디스크 제조사는 하드디스크 한 대를 판매할 때마다 그륀베르크에게 로열티를 지급하고 있다. 일설에 의하면, 그륀베르크는 받은 로열티로 소속 대학에 연구소를 건립했다고 전해진다.

우주 배경복사

존 매더*John C. Mather*

빅뱅

과학자들이 믿고 있는 빅뱅 우주론에 의하면, 초기 우주는 너무 뜨거워서 우리가 오늘날 물질이라고 부를 수 있을 만한 것은 존재할 수 없었다. 대부분의 우주는 약 138억 년 전 극도로 뜨거운 상태에서 대폭발과 가속 팽창을 겪으며 생겨났다. 극도로 뜨거운 우주 속에는 전자, 양성자, 빛 같은 수많은 기본 입자들이 뒤엉켜 충돌하면서 열적 평형 상태를 유지하고 있었다.

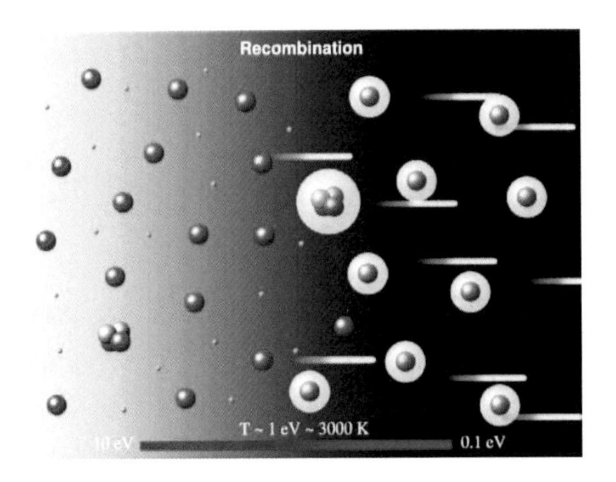

그러나 빅뱅이 일어나고 38만 년이 지나면서 우주의 온도가 3000℃ 정도로 감소했을 때, 운동 에너지가 줄어든 원자핵과 전자는 서로 달라붙어 수소, 헬륨 같은 가벼운 원자를 만들었다. 빛과 충돌하던 전자가 급격히 사라지자, 빛은 물질과 더 이상 충돌하지 않고 우주 공간에서 자유롭게 퍼져나가기 시작했다. 이를 빛과 물질의 분리 시기라고 하며, 이때 최초로 물질을 빠져 나온 빛이 우주 배경복사다. 우주가 계속 팽창하면서 온도와 밀도가 감소하고, 동시에 빛의 에너지도 감소했다. 따라서 모든 물질이 중력에 의해 수축하면서 은하, 별, 태양계에 이르기까지 갖가지 우주의 구조들이 생겨났다.

과학자들은 우주에 존재한다는 물질과 빛이 분리되던 시기의 물질 분포에 관한 정보가 우주 배경복사에 들어 있을 것이라고 생각했다. 그리고 우주 초기에 물질의 분포가 균일했다면 물질이 생겨날 수 없었을 것이라는 점을 들어, 우주 배경복사의 온도가 미세한 변화를 띨 것이라고 예측했다.

미세한 온도 차이

우주 배경복사를 지상에서 관측할 때, 우주에서 날아오는 수 센티미터 파장의 마이크로파는 지구 대기권 분자에 일부 흡수되어 정확한 관측이 어려웠다. 코비 위성이 발사되기 전인 1980년대 후반에는 소형 로켓을 발사해서 대기권 밖에서 우주 배경복사를 측정하려는 시도도 있었다. 하지만 큰 성과를 거두지는 못했다.

스무트(Smoot) 등은 1970년대에 우주 배경복사를 검증할 목적으로 우주의 마이크로파 관측용 인공위성 프로젝트를 제안했다. 이 제안을 통해 1989년 코비 위성을 쏘아올리게 되었고, 코비 위성에는 세 가지 관측 기재가 실려 있었다. 스펙트럼을 다양한 파장에서 측정, 온도의 미세 요동을 측정, 적외선 배경복사의 세기를 측정하는 실험 장치였다.

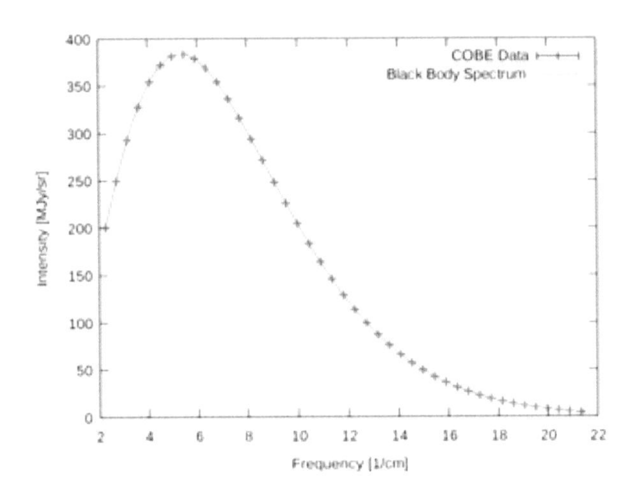

코비 위성에 실린 마이크로파 관측 책임자였던 매더(Mather)는 처음 9분 동안의 자료를 바탕으로 우주 배경복사의 세기를 여러 파장(1~20cm)에서 측정했다. 그 결과 우주 배경복사가 플랑크의 흑체 복사 스펙트럼을 정확히 따른다는 사실을 알아냈다. 또한 우주의 정밀한 온도 분포 지도를 만들어 우주 배경복사의 미세한 온도 변화를 발견함으로써 빅뱅 우주론을 지지하는 결정적인 증거들을 제시했다.

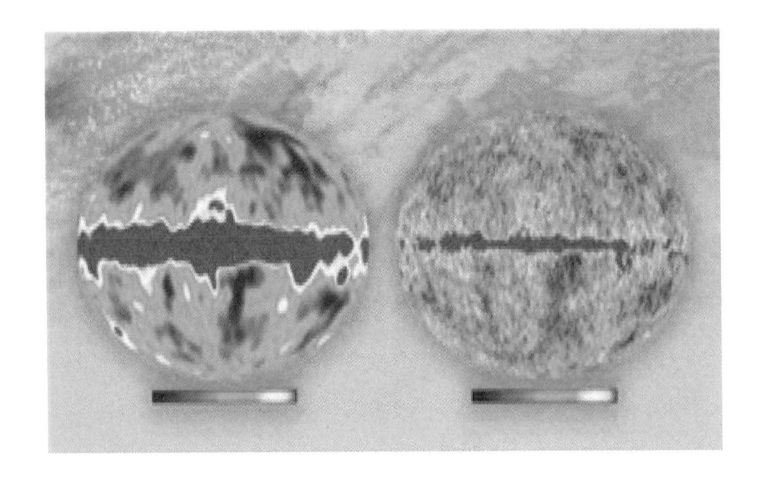

NASA는 코비의 뒤를 이어 2001년 WMAP(Wilkinson Microwave Anisotropy Probe) 위성을 발사했다. WMAP은 물질 밀도가 균일하지 않아 나타나는 온도 편차를 100만 분의 1K의 정확도로 식별할 수 있었다. 이 둘의 결과를 비교하면, 코비(왼쪽)와 WMAP(오른쪽)이 관측해 얻은 우주 배경복사의 미세한 온도변화는 매우 유사하지만, WMAP이 더욱 정밀하다는 것을 알 수 있다. 그림은 푸른색에서 붉은색으로 갈수록 온도가 높다는 것을 나타내는데, 적도 부근의 온도가 높게 보이는 이유는 우리 은하에서 나오는 강한 방출선으로, 우주 배경복사와는 무관하다.

레이저 정밀분광학

테오도르 핸쉬*Theodor Hänsch*

모드 잠김

빛을 통해 가장 멀리 떨어진 은하에 대한 지식을 얻는 것과 같이, 우리는 눈에 들어오는 빛을 통해 주변에서 일어나는 일들을 인지할 수 있다. 빛은 특이하게도 파동 운동처럼 보이기도 하고 불연속적인 입자의 흐름처럼 보이기도 한다. 빛의 성질에 대해 대부분 고전광학을 사용해서 설명하는 대표적 이론이 빛의 간섭이다.

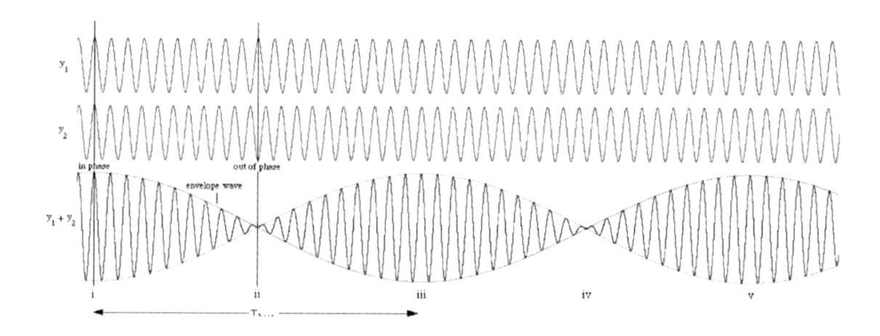

두 개의 빛이 합성되어 생기는 간섭 중 마루와 마루, 골과 골이 일치하는 지점의 진폭이 커지는 것을 보강 간섭이라고 한다. 이에 반해 마루와 골이 일치하여 진폭이 작아지는 경우를 상쇄 간섭이라고 한다. 그러나 위상이 일치하고 주파수가 일정하게 차이나는 레이저들을 서로 합치면, 간섭에 의해 아주 짧은 시간 동안 나오는 극 초단 펄스를 만들 수 있다. 이를 모드 잠김(mode-locking) 현상이라고 한다. 그런데 이 현상은 모든 레이저의 위상이 일정할 때만 가능하다. 위상이 일정하지 않은 경우 펄스가 만들어지지 않는다.

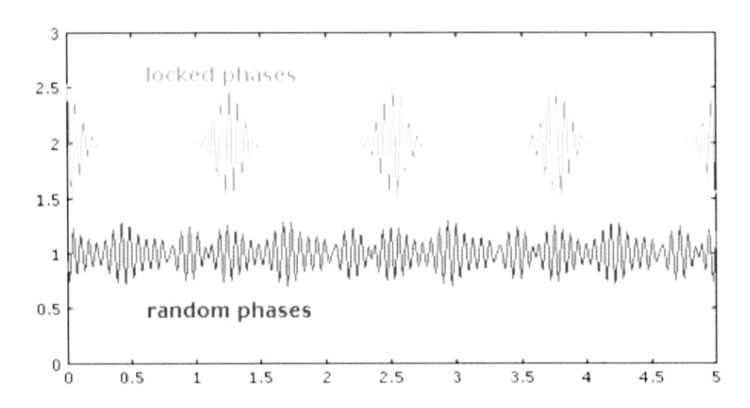

이와 같이 레이저의 위상이 일정할 때 나타나는 모드 잠김 현상과 뜨거운 물체에서 방출되는 흑체 복사는 고전광학으로 설명할 수 없다. 그 이유를 설명하기 위해서는 고전광학을 넘어서 빛의 입자적인 특성을 고려한 양자광학 이론이 필요하다.

광주파수 빗

일정한 위상을 가진 레이저를 거울 사이에서 왔다 갔다하게 하는 경우, 모드 잠김 현상으로 일정한 시간 간격의 폭을 갖는 펄스열을 만들어낼 수 있다. 모드 잠김 현상에 참여하는 레이저가 많을수록 더 좁은 펄스를 만들 수 있다. 모드 잠김 현상에 참여하는 레이저가 수백 혹은 수천 개일 때, 서로 다른 주파수 성분으로 이루어진 펄스열을 만들게 된다. 이 주파수 성분들을 그래프로 표현할 때 빗의 이와 닮아 있기 때문에 빗살이라고 불리며, 전체 펄스열을 주파수 빗이라고 한다.

1980년대 말 핸쉬(Hänsch) 등은 레이저를 이용하여 빛의 주파수를 1000조 분의 1까지 정밀하게 측정하는 광주파수 빗(optical frequency comb)을 개발했다. 이는 미국 동부의 뉴욕과 서부의 로스앤젤레스 사이에 쌀알 크기의 물질을 던져놓고, 그 물질의 위치를 정확히 잴 수 있는 수준의 정밀도이다. 이것은 빛을 이용한 정밀한 측정과 원자의 에너지 구조를 연구하는 원자 분광학에 획기적인 발전을 가져왔다.

광주파수 빗 기술을 이용하면 현재 가장 정확한 주파수 측정 표준기인 세슘 원자시계보다 약 100배 더 정확한 광시계를 개발할 수 있다. 이를 이용하면 파장 다중분할 광통신 기술을 발전시키는 데도 큰 기여를 할 것이다. 또한 가시광선 영역에 있는 원자의 공명 주파수를 정확히 측정하면, 원자의 미세 구조와 성질을 더 잘 이해할 수 있게 될 것이다.

강력이론과 점근적 자유성

물리학상
(2004)

데이비드 그로스*David Gross*

네 가지 기본 힘

뉴턴은 사과가 떨어지는 것을 보고 거시세계에서 질량을 가진 물체 사이에 작용하는 중력의 법칙을 세웠다. 중력은 질량을 가진 물체를 땅으로 떨어지게 하거나, 동시에 행성이나 은하계의 운동이 일어나게 한다. 중력은 어떤 면에서는 가장 큰 힘인데, 전자나 양성자로 구성된 미시세계에서는 거의 작용하지 않는다. 이에 반해 전자기력은 원자 내부의 세계, 즉 미시세계에서도 작용한다. 예를 들면, 물질의 기본 구성단위인 원자 내부의 전자와 양성자를 묶어 원자를 이루고, 쿼크 양성자나 중성자를 이루게 한다.

이런 차이에도 불구하고 중력과 전기력은 입자 사이의 거리에 반비례하고, 질량을 가진 입자나 전하를 띠고 있는 입자들 사이를 매개 입자인 중력자나 광자가 오가면서 힘이 나타나는 공통점을 가지고 있다. 양자역학에 의하면 중력자는 입자인 동시에 파동이기 때문에, 질량을 가진 입자로부터 멀어질수록 파동의 작은 부분만이 도달한다고 생각된다. 따라서 중력자는 아직 발견되지 않았지만 중력자가 이론에 의해 예측되고 있으며, 언젠가는 발견될 것으로 과학자들은 믿고 있다.

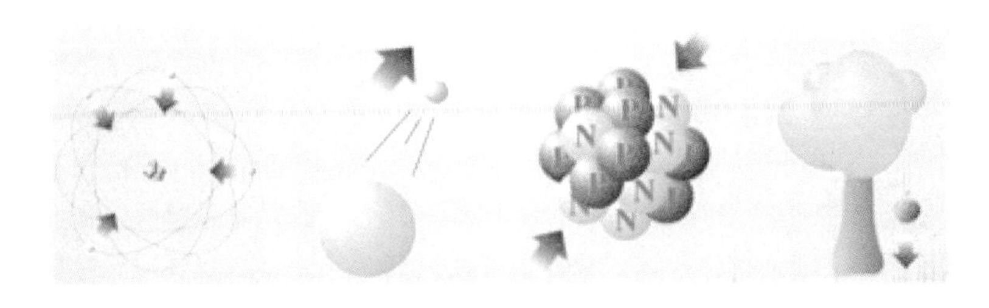

핵 속에는 원자핵의 크기 이내에 아주 짧은 거리에서만 작용하는 두 종류의 힘 약력과 강력이 동시에 작용하고 있다. 하나는 베타 붕괴와 관련된 약력이다. 베타 붕괴는 원자가 방사성 붕괴를 할 때, 중성자(n)가 전자를 방출하면서 양성자(p)가 되는 현상이다. 베타 붕괴를 기본 입자 수준에서 생각하면, 아래 쿼크(d)가 W- 입자를 방출하며 위 쿼크(u)로 바뀌는 과정으로 이해할 수 있다. 방출된 W- 입자는 곧 붕괴하여 전자와 반중성미자가 된다.

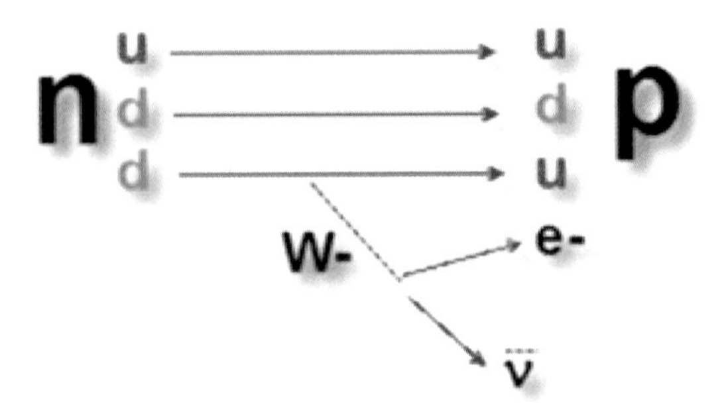

다른 하나는 양성자들 사이의 강력한 반발력에도 불구하고 이들을 핵 속에 붙들고 있는 강력이다. 강력의 매개 입자인 글루온은 쿼크와 쿼크를 묶거나 원자핵에서 양성자와 중성자를 묶는 데 간접적으로 관여한다.

점근적 자유성

양성자와 중성자는 쿼크라고 부르는 기본 입자들로 형성되어 있다. 쿼크들은 다른 종류의 전하를 가진 다양한 입자들이어서, 당연히 전자들처럼 운동할 것이라고 생각되었다. 그러나 전자들과는 달리 독립적으로 존재하는 솔로 쿼크는 전혀 관찰되지 않고 있다. 이상하게도 쿼크들이 서로 멀어질수록 그들 사이의 힘이 증가하고, 쿼크들이 서로 가까워질수록 그들 사이의 힘이 감소한다. 솔로 쿼크를 만들려고 쿼크 사이의 거리를 멀리할수록 그들 사이의 힘이 강해져서 쿼크들을 떼어내기 어려워지는데, 이런 현상을 점근적 자유성이라고 한다.

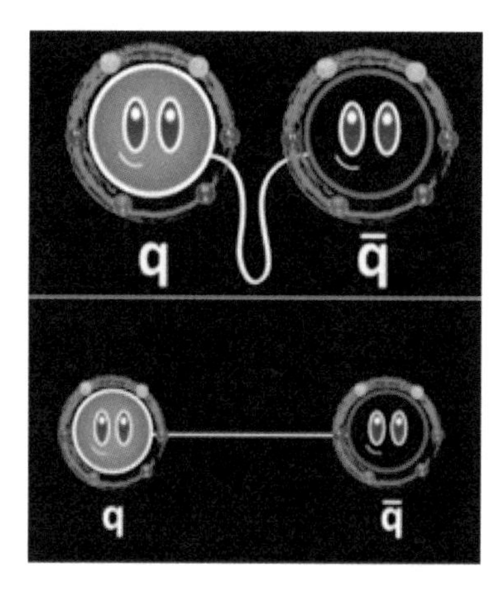

쿼크 사이의 이런 현상은 전자기력 등 기존의 이론으로는 설명이 불가능하여, 1970년대 물리학은 커다란 딜레마에 빠졌다. 어떤 모델이나 계산 결과도 실험 결과와 상반되는 현상을 예측할 뿐이었다. 마침내 문제는 하나의 질문으로 귀결되었다. 즉 어떤 이론이 적당한 곳에 음의 기호를 넣을 수 있을까?

그로스(Gross)는 대학원생인 월첵(Wilczek)과 강력의 점근적 자유성을 보이는 비아벨리안 게이지 이론(Non-abelian gauge theory)을 동시에 찾아냈다. 이를 바탕으로 그로스는 —11/6이라는 수치를 내놓았다. 그것은 이 이론이 점근적 자유성을 기술하고 있음을 의미하는 것이었다.

$$\beta_1(\alpha) = \frac{\alpha^2}{\pi}\left(-\frac{11N}{6} + \frac{n_f}{3}\right)$$

이들의 이론은 이후 실험으로 검증되면서, 쿼크에는 3가지의 값을 갖는 색소전하가 있으며, 이에 따라 힘이 결정된다는 양자색소역학(QCD)으로 발전했다. 이들의 연구로 인해 정립된 QCD는 약력, 전자기력, 강력을 종합한 통일장 이론의 정립에 기여했다.

^{3}He의 초유체성

물리학상
(2003)

앤소니 레깃*Anthony Leggett*

동일한 바닥 양자 상태

상전이란 물이 수증기로 바뀌는 것과 같은 물질의 급격한 상태 변화로서 고체, 액체, 기체의 세 가지 상태를 오가는 것을 말하며, 고전물리학에선 쉽게 볼 수 있는 현상이다. 특히 과학자들은 고전물리학으로 설명되지 않는 양자역학적 효과와 그에 의해 유도된 상전이 현상에 많은 관심을 가져왔다. 대표적인 예는 보즈 아인슈타인 응축 현상(Bose-Einstein Condensation, BEC)이다.

BEC는 1925년 보즈와 아인슈타인에 의해 예언된 현상으로, 정수배의 자기스핀 양자수를 가지는 보손 입자들은 매우 낮은 온도에서 동일한 바닥 양자 상태를 공유한다. 따라서 BEC는 매우 낮은 온도에서 보손 입자들이 외부 자극에 대해 마찰 없이 마치 하나의 집단인 것처럼 움직이는 초유체 현상을 이해하는 기본적인 이론이다.

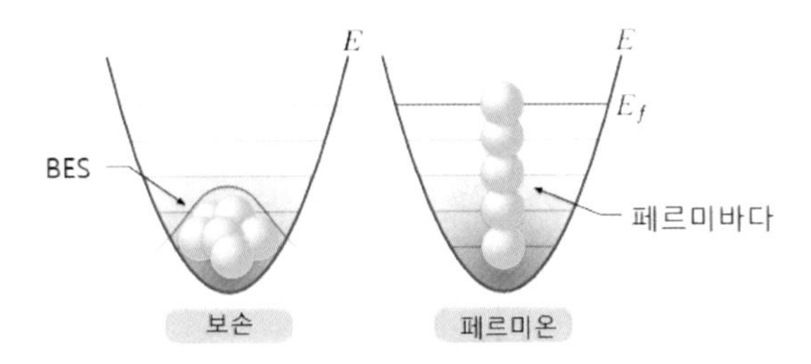

모세관 현상은 액체와 용기 표면 사이의 인력이 액체에 작용하는 현상으로, 중력 및 액체 내부의 점성보다 더 강할 때 일어나게 된다. 초유체는 점성이 전혀 없는 유체로 모든 표면을 타고 흘러나가는 매우 특이한 모세관 현상을 보인다. 예를 들어 컵에 초유체가 담겨 있다면, 가만히 두어도 아무런 저항을 받지 않고 스스로 밖으로 흘러 나오게 된다.

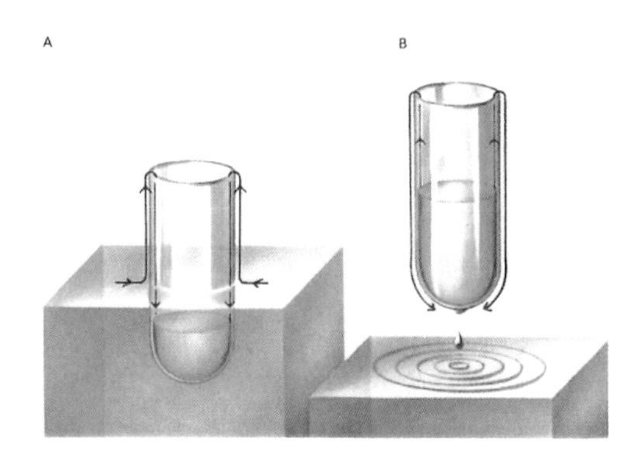

초유체성의 이해

1938년 카피차(Căpiţă)는 보손이라고 부르는 입자군의 하나인 ^{4}He을 매우 낮은 온도(2.176K)로 냉각시키면 BEC 현상이 일어나, 액체 헬륨이 점성 없이 자유롭게 흐르는 현상을 발견했다. 그러나 1970년대 초에 이르러 페르미온이라고 부르는 입자군의 하나인 ^{3}He 실험에서 전혀 예상치 못한 초유체성이 발견되었다.

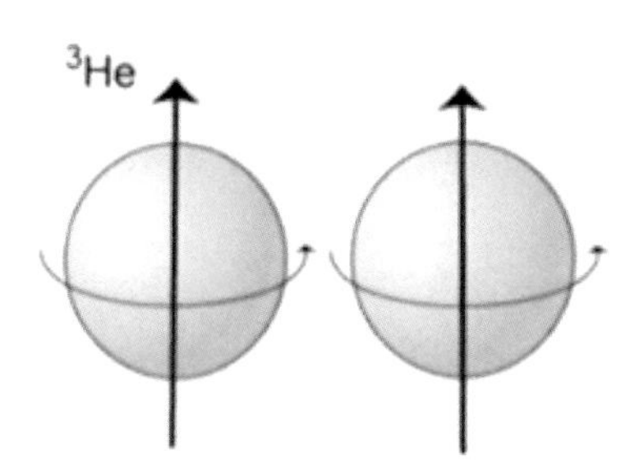

자연 상태에서 희귀한 ^{3}He은 보손이 아니어서 BEC 이론을 적용할 수 없었다. 그럼에도 불구하고 초유체성을 띤다는 것은 당시에 큰 놀라움으로 받아들여졌다.

그 이후 얼마 가지 않아 레깃(Leggett)은 BCS 초전도성 이론에서, 전자들이 Cooper 쌍을 형성하는 것과 똑같은 방법으로 ^{3}He 원자들은 개개의 페르미온으로 행동하지 않고, 두 원자가 짝을 이루어 보손화된다는 생각을 하게 되었다. 이를 통해 즉, 두 개의 ^{3}He 원자들이 하나의 보손처럼 행동하게 되면, BEC 이론에 위배되지 않고 ^{3}He의 초유체성에 대한 이론적 설명을 할 수 있게 되었다.

반도체 헤테로 구조

조레스 알페로프*Zhores Alferov*

반도체

우리는 일상생활에서 '전기가 통한다' 혹은 '전기가 안 통한다'는 말을 자주 사용한다. 보다 정확히 말하면 '전류가 흐른다, 흐르지 않는다'라고 말할 수 있다. 과학적으로는 전기를 흐르는 정도에 따라 도체, 반도체, 부도체로 나눈다. 도체는 전기가 잘 흐르는 물질로 철, 전선, 알루미늄, 가위, 금 등이 있고, 부도체는 전기가 잘 흐르지 않는 물질로 유리, 도자기, 플라스틱, 마른 나무 등이 있다.

전자소자는 보통 도체와 부도체의 중간물이라고 할 수 있는 반도체로 만든다. 반도체란 일반적으로 전기가 흐르는 정도가 도체와 부도체의 중간 정도 되는 물질을 말한다. 단일원소로 구성된 순수 반도체는 부도체와 같이 전기가 거의 통하지 않지만, 어떤 인공적인 조작을 가하면 도체처럼 전기가 흐르는 특징을 띤다. 대표적인 순수 반도체로는 주기율표 4족에 있는 실리콘(Si)이 있다.

Si에 인(P), 붕소(B) 같은 특정 불순물을 주입하면 전류가 흐르는데, 불순물로 전기 전도도를 조절할 수 있는 반도체를 불순물 반도

체라고 한다. 전기가 흐르는 이유는 불순물에 있는 전자나 양공이 전류를 흐르게 하는 매개체 역할을 하기 때문이다.

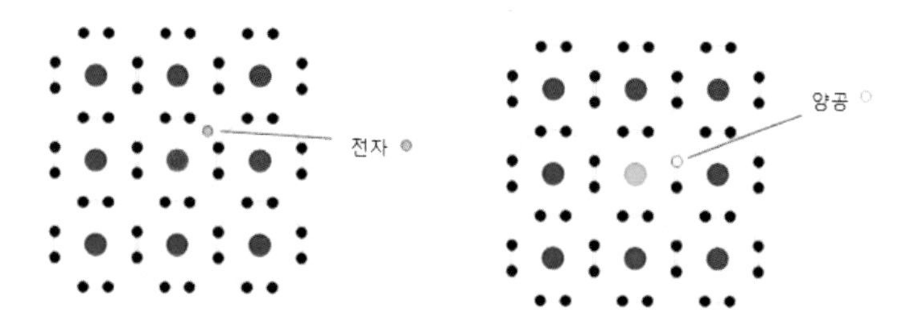

실리콘의 원료가 되는 규소는 지구상에서 산소 다음으로 많이 차지하고 있는 물질이다. 그래서 실리콘은 구하기 쉽고 값이 싸서 반도체의 재료로 가장 많이 사용된다. 하지만 실리콘 반도체가 신호의 처리 속도나 전력 소모량의 성능 개선에서 구조적인 한계를 보여, 이제는 실리콘보다 더 성능이 좋아질 수 있는 새로운 물질을 개발하는 중이다.

이종접합 구조 반도체

1963년 알페로프(Alferov)는 3족과 5족 물질을 결합하여 만든 헤테로 구조 사이에 전자나 양공이 가둬지면, 그 농도가 훨씬 커질 수 있다는 것을 처음으로 제안했다. 1969년 알페로프는 최초로 층 사이의 경계에서 격자 에너지를 조절하여 이종접합 구조(GsAs와 AlGaAs)의 반도체를 개발했고, 이후 다양한 형태의 이종접합 구조 반도체를 개발했다. 이를 통해 기존의 원소 반도체에 비하여 신호 전류를 운반하는 전자의 이동 속도가 5~10배 이상 빠르고 전력 소모량도 10배 이상 적은 반도체가 생겨났다.

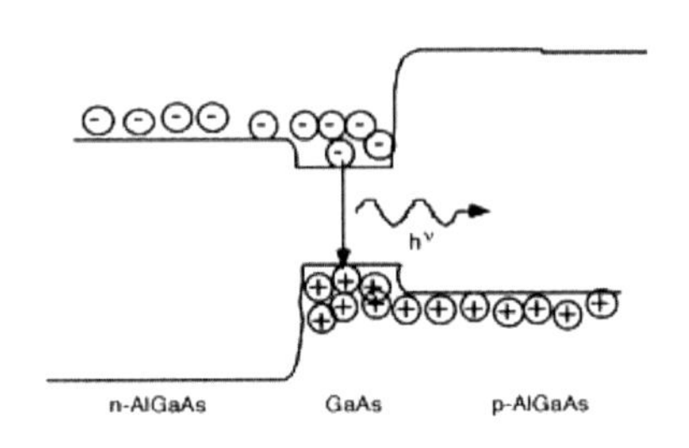

반도체 레이저는 전자와 양공이 재결합되면서 빛을 방출하는 현상에 기반을 두고 있다. 빛의 밀도가 충분히 높아지면, 빛은 서로 같은 진동으로 움직이기 시작하면서 증폭된 상태의 빛인 레이저를 방출한다. 초기의 반도체 레이저는 효율이 매우 낮고 짧은 펄스의 형태로만 발광이 가능했다. 그러나 이종접합 구조 반도체의 도입으로 레이저가 상온에서 연속 발진이 가능하게 되어 실용화에 큰 진보를 이루었다.

이종접합 구조 반도체의 발명은 기술적으로 광섬유 통신을 이용한 휴대전화와 위성통신 등이 세상에 나올 수 있게 했다. 그리고 과학적으로 실리콘이 주종을 이루던 기존의 반도체가 아닌, 새로운 반도체로의 패러다임 전환 측면에서도 중요한 의미가 있다. 최근에는 개발된 갈륨-비소와 같은 화합물 반도체 기판 위에 알루미늄 갈륨비소(AlGaAs)나 인듐 갈륨비소(InGaAs)와 같이 여러 개의 단결정 박막 층으로 성장시키는 이종접합 구조에 대한 연구가 많이 진행되고 있다.

양자역학적 전자약력

물리학상
(1999)

게라르더스 호프트*Gerardus Hooft*

전자약력의 통일

우리 주위에서 볼 수 있는 물질들은 원자로 이루어져 있다. 원자 안에는 전자와 원자핵이 있고, 핵 안에는 양성자와 중성자가 있으며, 이들은 다시 쿼크로 구성돼 있다. 그리고 이들은 중력, 전자기력, 약력, 강력이라는 네 가지 힘을 받는다.

과학자들은 이런 네 가지 힘들이 하나의 힘이었다가, 우주가 팽창하면서 중력이 분리되고, 다음에 원자핵을 뭉쳐 있게 하는 강력이 분리되고, 마지막으로 전자기력과 약력이 분리되었다고 생각한다. 하나의 힘이 네 개로 갈라졌다고 생각하면, 네 가지 힘들을 하나의 힘으로 설명할 수 있을 것이라고 생각하는데, 이런 개념이 통일장 이론이다.

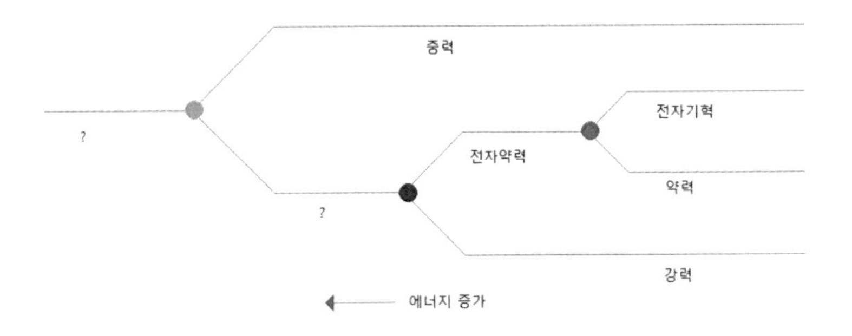

다른 힘을 하나로 설명하려고 하는 시도는 뉴턴 시대부터 있었다. 뉴턴은 떨어지는 사과에 작용하는 힘의 법칙이 태양계를 비롯한 천체에 작용하는 힘의 법칙과 같다는 것을 이해하고 중력의 법칙을

만유인력의 법칙이라고 했다. 또한, 전혀 다른 현상인 줄로 알았던 전기와 자기의 법칙이 서로 상관있음이 밝혀져, 맥스웰은 이를 전자기력에 관한 식으로 표현했다.

이런 시도는 자연계에 존재하는 기본적인 네 가지 힘을 하나의 이론으로 표현하고자 하는 노력으로 발전했다. 강력과 약력은 핵에서만 작용하는 힘으로서, 그 작용 범위가 아주 짧다. 강력과 약력의 통일 시도는 1979년 글래쇼(Glashow) 등이 실험으로 전자기력과 약력을 통일한 업적을 인정받아 노벨물리학상을 수상할 때 절정에 이르렀다.

자발적 대칭성 깨짐

그러나 글래쇼(Glashow) 등의 실험에도 불구하고 전자기력과 약력을 하나로 설명하려는 이론적인 근거는 수학적으로 불완전했다. 특히 표준 이론에 의하면 전자기력과 약력을 전달하는 입자는 질량이 없어야 하는데, 약한 상호작용을 전달하는 입자인 W와 Z 입자는 양성자의 약 80~90배 되는 무거운 입자들이라는 사실이 밝혀졌다.

이 문제를 해결하는 방법으로, 호프트(Hooft)는 자발적 대칭성 깨짐을 이용하여 W와 Z 입자가 질량을 가질 수 있는 이유를 수학적으로 제시했다. 자발적 대칭성 깨짐을 이해하기 위하여 멕시코 모자 모양을 생각해보자. 가운데는 높은 데 바깥으로 나오면서 우물처럼 깊어지다가, 가장 낮은 점을 넘어서서 다시 위로 올라가는 모양을 하고 있다. 가운데 어떤 입자가 있다고 생각할 때, 이 입자는 모든 방향에 대해 대칭적이다. 만일 입자가 원점에 남아 있지 못하고, 그림처럼 어느 한 방향으로 굴러떨어졌다고 생각해보자. 굴러떨어진 입자는 이제 공간의 어느 한 방향에 치우쳐 있게 된다. 이 입자의 입장에서 보면 더 이상 모든 방향에 대해서 대칭적이지 않은 셈이다. 이렇게 대칭성이 깨진 상태가 되는 것을 자발성 대칭성 깨짐이라고 한다.

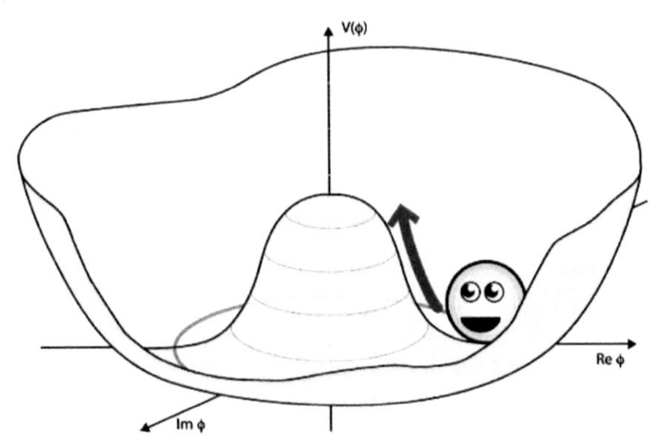

멕시코 모자 모양을 에너지로 생각하는 경우, 가운데는 에너지가 높고, 바깥으로 나오면서 에너지가 낮아지다가, 가장 낮은 점을 넘어서서 다시 에너지가 높아지는 모양을 하고 있다. 여기서 에너지가 가장 낮은 점을 양자 진공(quantum vacuum state)이라고 한다. 일반적으로 우리는 진공을 어떤 물질도 전혀 존재하지 않는 상태로 알고 있다. 하지만 양자 진공은 완전히 비어 있는 것이 아니라 에너지가 가장 낮은 점으로, 입자가 질량 0인 상태를 의미한다.

그림처럼 에너지가 가장 낮은 점에 있는 입자가 하나는 원주 방향, 다른 하나는 방사 방향으로 움직인다고 생각해보자. 입자가 원주 방향으로 움직이는 경우 에너지의 변화가 없기 때문에 추가 에너지 없이 움직일 수 있다. 이런 입자는 질량을 가지지 않는다. 그러나 이와 달리 입자가 그림처럼 방사 방향으로 움직이게 되는 경우 추가 에너지가 필요하다. 이런 입자는 질량을 갖게 된다. 그러나 입자가 방사 방향으로 움직이기 위해서는 입자에 에너지를 주는 새로운 입자가 있어야 한다. 호프트의 연구는 표준 모형에서 역할이 분명하지 않았던 질량에 관여하는 힉스 입자의 역할을 이해하는 이론적인 도구를 제공했다.

양자 유체

물리학상
(1998)

로버트 러플린*Robert Laughlin*

양자 홀 효과

전기와 자기의 관계에 대한 연구는 1820년 외르스테드(Oersted)가 전선에 강한 전류를 흘려보낼 때 전선에 흐르는 전류에 의해 나침반의 방향이 바뀌는 것을 발견함으로써 시작되었다. 그는 이 현상을 학생들과 교실에서 발견했는데, 그 이전에는 아무도 전기와 자기가 관련 있다는 것을 관찰하지 못했다.

50년 후 미국의 홀(Hall)은 자기장에 놓인 금속선에 자기력이 영향을 미쳐 전선의 단면 방향으로 전압을 만들어낼 것이라고 예측했다. 그는 자기장을 금박에 수직으로 걸어준 상태에서 금박에 전류를 흐르게 할 때, 전류의 방향과 자기장의 방향에 수직으로 전선을 가로질러 작은 전압차가 나타나는 것을 발견했다. 즉, 전류가 흐르는 도체에 수직으로 자기장이 걸릴 때, 전류와 자기장의 방향에 대해 수직 방향으로 전하들이 휘어진다. 이는 홀이 발견한 현상으로서 홀 효과라고 한다.

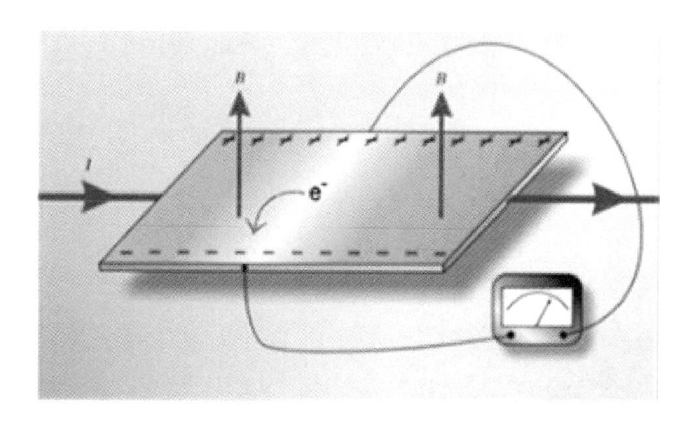

홀 효과에 의해 휘어진 전하들은 전류 값과 수직인 방향으로 축적되고, 이에 따라 전하의 수는 금박의 한쪽 면이 다른 쪽보다 더 크게 된다. 따라서 전류가 흐르는 방향에 수직 방향으로 전압이 생기게 되는데, 이 전압을 홀 전압이라고 하고, 정상 상태 전류와 홀 전압의 비율을 홀 저항이라고 한다.

홀은 실험에서 홀 저항은 단순히 자기장의 세기에 비례한다는 것을 관찰했다. 그러나 1980년 홀 효과에 대해 연구를 수행하던 클리칭(Klitzing)은 상당히 극단적인 조건에서 홀 효과를 연구했다. 그는 트랜지스터를 19.8T라는 매우 높은 자기장에서 4.2K까지 냉각시켰다.

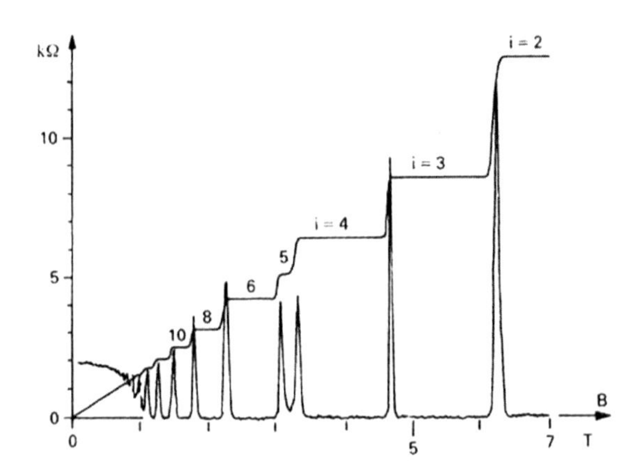

그 결과 보통 사람들이 예상하듯 전도도가 규칙적으로 일정하게 변화하지 않고, 편평한 부분으로 이루어진 매우 특징적인 계단 형태가 나타나는 것을 발견했다. 또한, 클리칭은 이 편평한 부분의 값들이 엄청나게 높은 정확도로 단순한 수식의 정수 배로 표현된다는 것을 알아냈다. 이 결과는 홀 효과가 양자화되어 일어나는 것을 보여주는 것으로서 전혀 예상치 못했던 결과였다. 그래서 클리칭의 양자화된 홀 효과의 발견은 과학계에 큰 관심을 불러일으켰다.

분수양자 홀 효과

1982년 슈퇴르머(Stormer)와 추이(Tsui)는 동일한 실험을 양자 영역에서 실험했다. 이 실험에서 홀 저항은 자기장의 함수로 계단과 같이 양자화되는 성질을 보인다는 것을 발견했다. 가장 높은 계단은 이전에 관찰된 것보다 3배나 높았다. 그들은 여기서 한 걸음 더 나아가, 더욱 낮은 온도와 더 강한 자기장을 사용하면, 양자 홀 효과에 관계하는 입자들이 전자의 1/3, 1/5 또는 1/7과 같은 분수 전하를 가진다는 것을 발견하고, 이를 분수양자 홀 효과라고 했다. 슈퇴르머와 추이의 창의적인 생각에 과학자들은 어떻게 이 현상을 해석해야 할지 고민하게 되었다.

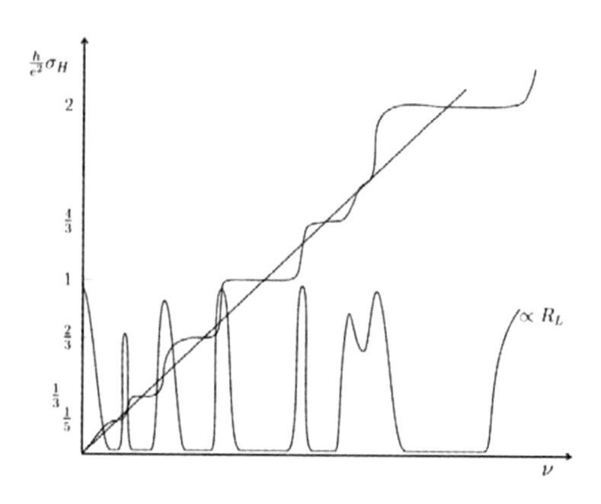

1년 뒤 러플린(Laughlin)은 분수양자 홀 효과를 이론적으로 설명하기 위해 양자 유체 개념을 사용했다. 즉, 극저온과 강한 자기장이 걸린 상태에서는 전자의 바다에 자기력이나 전기력으로 만들어진 소용돌이가 마치 전자 전하의 분수에 해당되는 전하를 가진 입자(애니온)처럼 행동한다고 생각했다. 이를 좀더 과학적으로 설명하면, 극저온에서 강한 자기장이 걸리면 전자들이 서로 미는 것이 아니라 서로 잡아당겨 마치 유체처럼 행동하게 되는데, 이때 전자들의 전하는 정수가 아닌 1/3이나 2/3 또는 1/5 등과 같은 분수로 나타나며, 전기전도도와 저항도 똑같은 분수로 나타나는 효과를 보인다는 것이다.

분수양자 홀 효과는 초전도체와 극저온에서 원자들이 하나의 원자처럼 행동하는 보스-아인슈타인 응축과도 유사한 현상이다. 분수양자 홀 효과의 발견은 새로운 눈으로 자연을 바라보게 했다. 이를 통해 고성능 반도체 칩과 초고속 컴퓨터 기술이 획기적으로 발전할 수 있게 되었다.

레이저 원자 냉각

물리학상
(1997)

월리엄 필립스*William D. Phillips*

원자 포획

일반적으로 기체 원자는 상온에서 평균 초속 300m의 아주 빠른 속도로 각기 다른 방향으로 움직인다. 만약 개개의 원자를 연구하고자 한다면, 원자들이 천천히 움직여야만 충분히 관찰할 수 있다. 원자의 속도를 낮추는 가장 쉬운 방법으로는 온도를 낮추는 방법이 있다. 그러나 온도를 낮추면 상태 변화가 일어나, 원자와 원자가 지나치게 가까이 붙어버려서 연구가 어려워진다. 이런 단점을 해결하기 위하여 빛을 이용해 원자의 속도를 낮추려는 생각은 1970년대부터 시작되었다.

추운 겨울날 햇빛이 비치면 따뜻한 이유는 우리 몸에 빛의 에너지가 전달되기 때문이다. 빛의 알갱이(광자)가 우리 몸에 수없이 충돌하면서 에너지뿐만 아니라 운동량도 전달한다. 그러나 우리 몸의 질량이 광자에 비해 매우 크기 때문에, 광자 하나하나가 우리에게 주는 에너지는 매우 작아서 전혀 느끼지 못한다. 이에 반해 질량이 보통 10^{-25}kg 정도인 원자에게는 광자 하나가 전달해주는 매우 작은 에너지도 매우 큰 효과를 낼 수 있다.

1975년에 숄로(Schawlow)와 핸쉬(Haensch)는 빛(레이저)을 이용하여 원자와 원자가 지나치게 가까이 붙어버리지 않은 상태에서 원자들을 완전히 멈추게 할 수 있다는 원자 포획에 관한 이론을 처음으로 제안했다.

이들은 레이저의 주파수를 조절하여 레이저의 진행 방향과 반대 방향의 원자만 레이저와 공명하도록 설정할 수 있다면, 공명을 일으키면서 원자에 흡수된 광자는 원자의 속도를 줄여 원자를 완전히 멈추게 할 수 있다고 생각했다. 이들의 생각은 원자가 광자를 흡수할 때 흡수된 광자로부터 충격을 받는다는 이론에 기초한 것이어서, 원자를 효율적으로 멈추게 하기 위해서는 수년 동안의 실험적 연구가 필요했다.

도플러 냉각

일반적으로 앰뷸런스가 사이렌을 켜고 달려가는 상황을 생각해 보자. 앰뷸런스가 가까이 올 때는 높은 소리가 들리다가 관찰자를 지나 멀어지기 시작하면 소리가 낮아지는데, 이를 도플러 효과라고 한다. 필립스(Phillips)는 1985년 처음으로 도플러 효과를 이용한 레이저 냉각 원리를 실험적으로 확인했다.

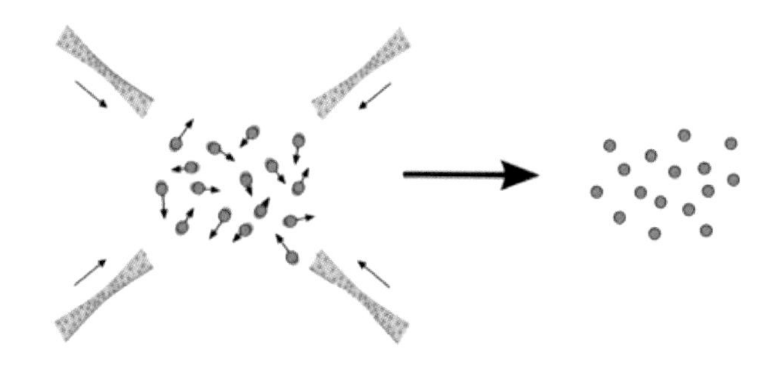

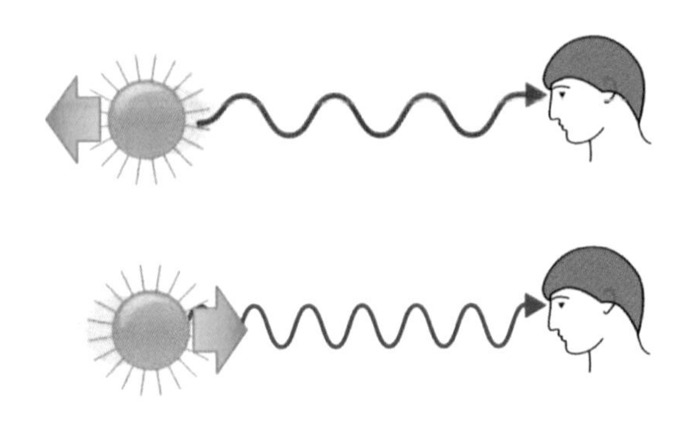

만약 우측으로 진행하는 원자에 대해 좌우에서 동일 주파수의 레이저를 비추면, 도플러 효과에 의해 원자가 보기에 우측에서 오는 빛의 진동수는 높게 보이고, 좌측에서 원자를 따라오는 빛의 주파수는 낮게 보인다. 즉, 원자가 움직이는 방향과 반대 방향으로 빛을 비춰주면, 원자가 보기에 빛의 진동수가 높게 보이는 도플러 현상이 일어나는데, 이를 청색편이라고 한다. 원자에게 진동수가 커보이는 만큼 빛의 에너지도 실제보다 커보이는데, 그 정도가 들뜬 상태로 전이할 만큼이 되면 에너지를 흡수하면서 들뜬 상태로 올라간다. 들뜬 상태의 원자는 다시 바닥 상태로 떨어지면서 두 에너지의 차이만큼 빛을 방출한다. 방출한 에너지가 흡수한 에너지보다 크기 때문에 원자의 전체 에너지가 감소하게 되는데, 이를 도플러 냉각이라고 한다.

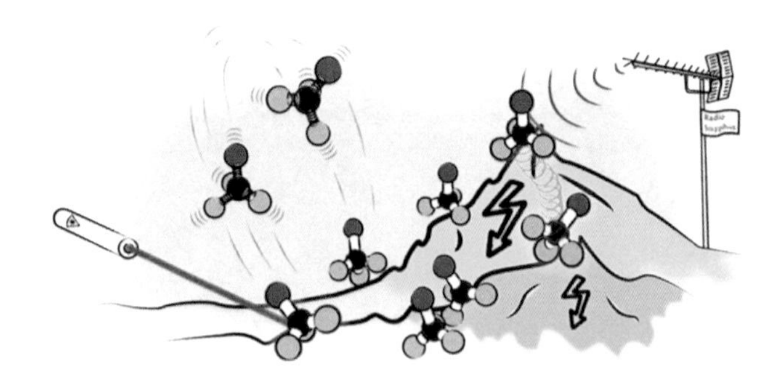

그런데 충돌로 인해 원자의 속력이 줄었기 때문에, 원자가 보기에 반대 방향에서 오는 빛의 진동수가 처음에 보이던 것보다 작아 보여, 들뜬 상태로 전이할 수 없게 된다. 반대 방향으로 진행하는 빛을 더 흡수할 수 없다면, 더 이상 감속이 진행되지 않아 냉각이 중단된다. 이때 원자의 에너지를 조작하여 원자가 다음 상태로 전이하는 데 필요한 에너지를 점차 작게 하면, 동일한 레이저의 빛을 원자가 흡수하여 원자를 냉각시킬 수 있게 된다. 이를 반복적으로 하는 경우 원자의 온도가 낮아져서 원자는 운동을 멈추게 된다.

필립스는 추(Chu)의 실험 장치를 개선해서 좀더 체계적으로 원자의 온도를 측정했다. 그런데 놀랍게도 필립스가 얻은 원자의 온도는 도플러 효과를 이용한 이론으로는 도저히 설명할 수 없는 낮은 온도였다. 1988년 이 결과가 발표되자, 타누지(Tannoudji)와 추는 독립적으로 거의 동시에 필립스의 실험 결과를 재확인했다. 타누지와 추는 이 현상에 대해 원자가 두 개의 에너지 상태를 가지는 간단한 구조가 아니라, 여러 에너지 상태를 갖는 복잡한 구조이기 때문이라고 이론적으로 설명했다.

^3He의 초유체성 발견

물리학상
(1996)

더글러스 오셔로프*Douglas Osheroff*

초유체

보편적으로 모든 물질은 온도가 높아지면 기체 상태가 되고, 낮아지면 액체를 거쳐 고체 상태로 변한다. 그러나 두 개의 양성자와 두 개의 중성자를 가진 원자핵과 주위를 도는 두 개의 전자로 이루어진 가벼운 기체인 ^{4}He은 온도를 낮추면 4.2K에서 액체가 된다. 그러나 온도를 더 낮추어 절대온도 0도에 접근하더라도 ^{4}He은 고체가 되지 못하고 액체 상태를 유지하여, 고체 상태로 만들려면 압력을 30기압 이상으로 높여야 한다. 또한, 액체 ^{4}He은 온도가 낮은 상태에서는 초유체라고 불리는 특이한 액체 상태가 된다.

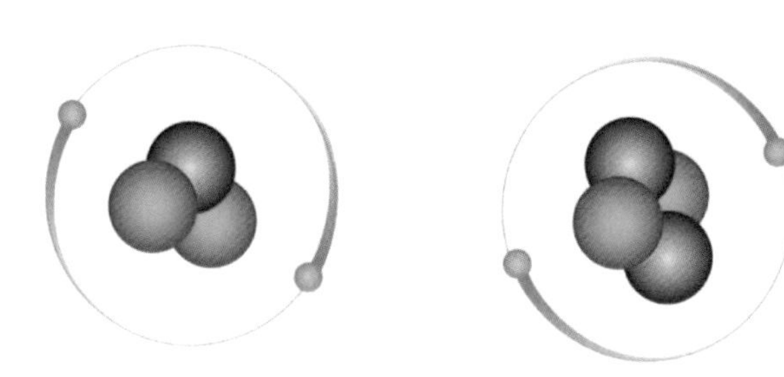

초유체란 유체의 점성이 사라지는 상태를 말한다. 초유체에서는 한번 맴돌기 시작하면 오랜 시간 동안 줄어듦이 없이 저절로 맴돌기를 계속하고, 한 곳에 가해준 열이 즉시 유체 전체로 퍼지며, 기체가 통과할 수 없는 아주 미세한 구멍을 통해서도 잘 흘러 나가고, 용기의 벽면을 타고 흘러 오르는 등, 일반 액체에서 볼 수 없는 특이한 현상들이 나타난다.

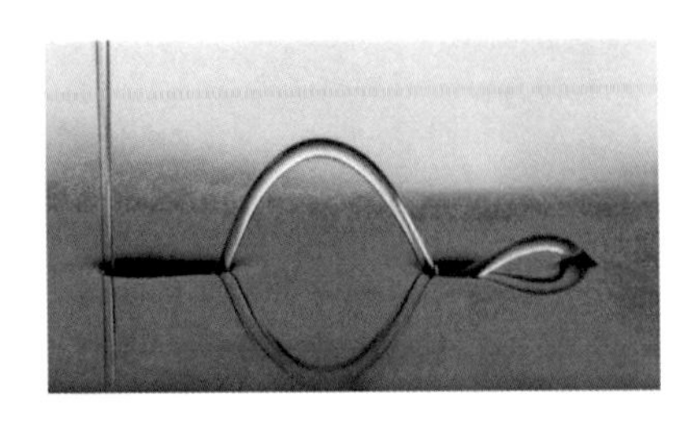

초유체 상태는 ^{4}He과 같이 구성 입자의 수가 짝수 개인 원소에서만 나타나는 현상이다. 액체 상태에 있는 많은 수의 ^{4}He 원자들이 결합해 마치 한 개의 잘 정렬된 커다란 집합체를 이루는 것과 같은, 양자역학으로 설명할 수 있는 특이한 현상이다.

^{3}He의 초유체성 관찰

^{4}He의 동위원소로 자연계에 극미량 존재하는 ^{3}He은 원자핵에 중성자가 한 개 모자라는 홀수 개의 입자로 이뤄져 있다. 이와 같이 ^{4}He과 화학적인 특성이 같으면서도 양자역학적인 특성이 판이하게 다른 ^{3}He은 1960년대 과학자들의 많은 관심을 끌었다. 과학자들은 1957년 초전도 현상이 두 개의 전자가 한 쌍을 이루는 구조로 일어난다(BCS이론)는 초전도 이론으로 설명되자, 비슷한 방법으로 ^{3}He 액체도 초유체 상태를 가질 수 있을 것으로 예측했다. 그러나 많은 노력에도 불구하고 1971년 말까지 실험적으로 관측하지 못했다.

1971년 박사학위 과정을 밟고 있던 오셔로프(Osheroff) 등은 0.002K 정도의 저온을 얻을 수 있는 특별한 냉각 장치를 만들어, 압력·온도·부피를 변화시키면서 고체 ^{3}He에서 일어난다고 예측되던 상전이를 측정하고 있었다. 실험 도중 그는 시간에 따른 압력 변화를 조사하면서 절대온도 1000분의 1도 정도에 해당되는 두 개의 작은 돌기를 발견했다. 대부분의 과학자들은 이런 정도의 변화를 측정 장비의 사소한 문제로 무시할 수도 있었지만, 그들은 아주 작은 이상 현상을 놓치지 않고 기록했다.

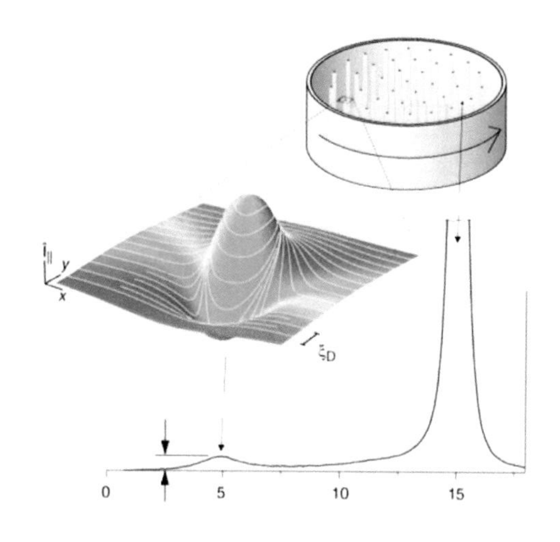

처음에는 고체 상태의 ^{3}He에서 생긴 변화로 잘못 이해했지만, 측정 결과는 기대했던 것과 완벽하게 일치하지 않았다. 자기공명 영상 장치로 분석한 결과 그들은 이 현상이 고체 상태의 ^{3}He가 아닌 액체 상태의 ^{3}He에서 일어나는 현상이라는 것을 밝힐 수 있었다. 이것이 ^{3}He의 초유체 상태에 대한 첫 발견이었다. 오셔로프 등의 ^{3}He의 초유체성 발견은, 기초 연구에서 흔히 그렇듯, 원래 계획했던 것과는 전혀 다른 어떤 것을 우연히 발견하게 된 것이다.

오셔로프 등의 발견은 저온물리학 연구에 더욱 기여했고, 우주 형성의 원리를 이해하는 데에도 도움이 되었다. 이를 활용하면 우주를 형성하게 된 최초의 대폭발(Big bang)이 일어난 지 1/1,000,000초 뒤에 최초의 구조물들이 우주에 어떻게 형성되기 시작했는가를 이해할 수 있기 때문이다. 즉, 한 가지 형태의 ^3He이 다른 형태의 ^3He으로 바뀌는 물리적 변화는 대폭발이 일어난 직후에 순간적으로 일어났다고 여겨지는 우주의 위상 변화의 모델로 이용되고 있다.

타우 입자

물리학상
(1995)

마틴 펄*Martin Perl*

물질을 구성하는 입자

물질을 구성하는 성분에는 쿼크, 렙톤(경입자)이 있다. 원자핵을 구성하는 기본 입자인 쿼크에는 u(up)와 d(down) 두 종류가 있고, 원자핵 외부에 존재하는 렙톤도 전하와 질량을 가지고 있는 전자뿐이다. 즉, 지구상에 있는 모든 물질은 u쿼크와 d쿼크로 이뤄진 양성자와 중성자가 원자핵을 이루고 있고, 그 주위를 맴도는 전자를 포함해 원자가 되고, 이들 원자들이 모여서 분자가 된다.

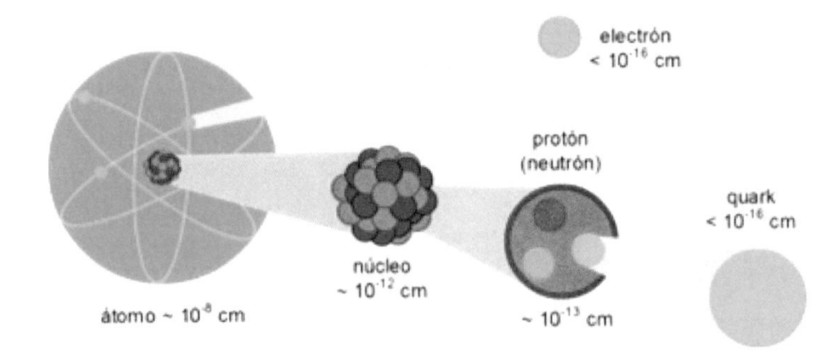

현재까지 알려진 렙톤은 3세대이다. 1세대는 1897년에 톰슨이 음극선관을 이용한 실험을 통해 발견한 전자이고, 2세대는 앤더슨(Anderson)이 우주선을 연구하던 중 발견한 뮤온이다.

앤더슨은 우주선을 연구하던 중 자기장 내에서 전자와 다르게 휘는 입자를 발견했다. 이 입자는 음전하를 띠었고, 자기장에 같은 속도로 입사된 전자보다는 적게 휘고 양성자보다는 많이 휘었다. 휘는 방향과 정도를 보아 이 입자는 전자와 같은 전하를 띠고 있으며, 전자보다 무겁지만 양성자보다는 가볍다고 추측했는데, 이 입자가 뮤온이다. 그 후 전자보다 훨씬 무거운 3세대 입자가 있을지도 모른다는 생각이 1960년대에 처음 등장했다. 그러나 이런 입자는 일반적으로 기존의 이론으로는 설명할 수 없었고, 그와 같은 무거운 렙톤의 존재를 실험적으로 입증하기란 거의 불가능해 보였다.

타우 입자의 발견

펄(Perl)은 불가능해 보이는 3세대 렙톤을 발견하기 위한 실험을 계획했다. 이를 위해서 강력한 에너지원이 필요했는데, 그 당시 스탠퍼드대는 이런 목적에 걸맞은 세계에서 가장 강력한 스탠퍼드 선형 가속기 센터(Stanford Linear Accelerator Center, SLAC)를 보유하고 있었다.

펄은 가속기(SPEAR)를 이용하여 1973년부터 전자와 양전자 충돌을 실험하던 중 1975년 새로운 입자 타우를 발견했다.

$$e^+ + e^- \rightarrow \tau^+ + \tau^- \rightarrow e^+ + \mu^- + 4\nu$$

타우(τ)는 전하를 띠고 있으며, 뮤온(μ)과 전자(e)의 무거운 형제로 밝혀졌다. 타우는 뮤온보다 170배 무겁고 전자보다 3500배 무겁다. 그러나 매우 짧은 수명 (2.9×10^{-12}s)과 보이지 않는 입자(중성미자, ν)의 존재로 인해 $e^+ + e^- \rightarrow e^+ + \mu^-$ + 관측되지 않은 입자로 생각될 수도 있었다. 그래서 타우의 상세한 특성에 대한 실험은 매우 어려운 도전이었다.

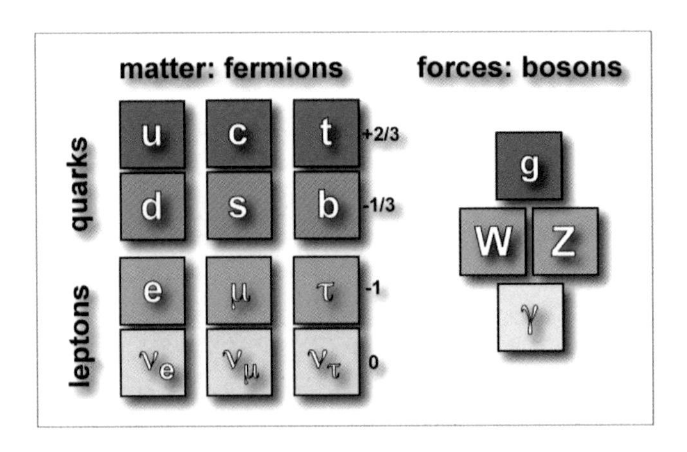

우주는 매우 오래된 역사를 가지고 있다. 초기 우주는 오늘날과는 완전히 다른 환경이었다. 그 당시 우주의 온도는 매우 높고, 많은 에너지가 집중되어 있었다. 이런 환경에서는 성질이 다른 쿼크, 렙톤들이 많이 존재했다. 과학자들은 가속기를 사용해 짧은 순간이나마 높은 온도와 압력이라는 극단적인 조건을 재현해 2세대, 3세대의 쿼크, 렙톤을 만들었다. 이를 통해 표준 모형(Standard Model)이 정립되어 현대 입자물리학 이론의 근간을 이루어왔다.

물질을 구성하는 기본 입자와 이들 사이의 상호작용을 밝힌 표준 모형에 따르면, 물질을 구성하는 성분에는 쿼크, 렙톤(경입자), 그리고 이들을 서로 묶어주는 보손이 있다고 한다. 그러나 왜 3세대 소립자가 있는지 그 이유는 아직도 잘 모른다. 지구상엔 1세대인 u쿼크, d쿼크, 그리고 전자만이 뚜렷한 역할을 하고 있다.

다중선 입자 검출기

게오르게스 샤르팍*Georges Charpak*

기본 입자의 탐구 도구

오늘날 과학자들은 물질을 이루고 있는 기본 입자를 탐구하기 위해 가속기를 현미경처럼 사용하여 물질의 깊은 곳을 들여다보고 있다. 가속기에서는 전자나 양성자들을 높은 에너지로 가속하여, 초당 4000만 번(LHC) 정도로 서로를 충돌시키면 새로운 입자가 생성된다. 보이지 않는 충돌 속에 물질의 가장 근본적인 구성 입자와 그들 간의 상호작용에 대한 정보가 들어 있다.

이런 실험에서 측정 대상은 눈으로 볼 수 없는 대상이므로, 이 입자들이 만들어낸 현상을 가시화하는 작업이 필요하다. 즉 물질을 이루고 있는 가장 기본이 되는 입자의 탐구는 입자를 생성하는 입자 가속기와 이 입자들을 볼 수 있게 하는 검출기의 두 부분으로 이뤄진다.

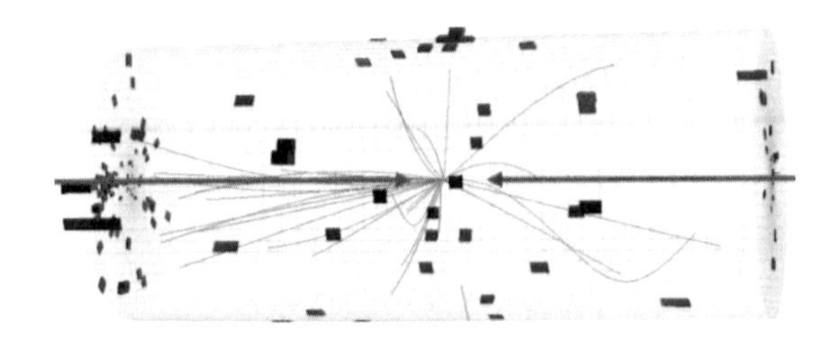

검출기는 기능에 따라 입자의 궤적을 보는 장치와 에너지를 재는 장치로 나눌 수 있다. 이를 각각 궤적 검출기, 에너지 검출기라고 한다. 궤적 검출기는 전하를 가진 입자가 지나간 흔적을 기록하고, 그로부터 입자의 전하, 질량 및 운동량을 측정하는 것이 목적이다.

초기의 검출기는 1927년 윌슨(Wilson)이 발명한 안개 상자였다. 안개 상자는 상자 밑에 있는 피스톤을 움직여서 상자 안의 가스를 과포화 상태의 수증기로 만든 상태에서, 입자가 통과하면서 이동한 경로를 따라 생긴 작은 물방울의 흔적을 사진으로 기록할 수 있는 장치였다. 초기의 안개 상자는 더 정밀하게 볼 수 있게 하는 거품 상자로 바뀔 때까지 핵물리학의 궤적 검출기로 활약했다.

거품 상자의 보완

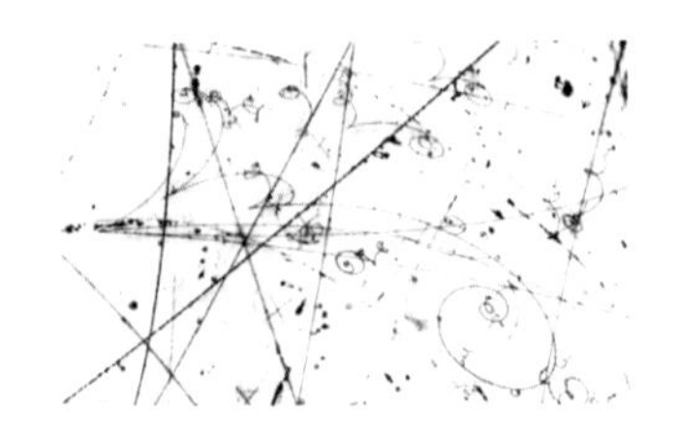

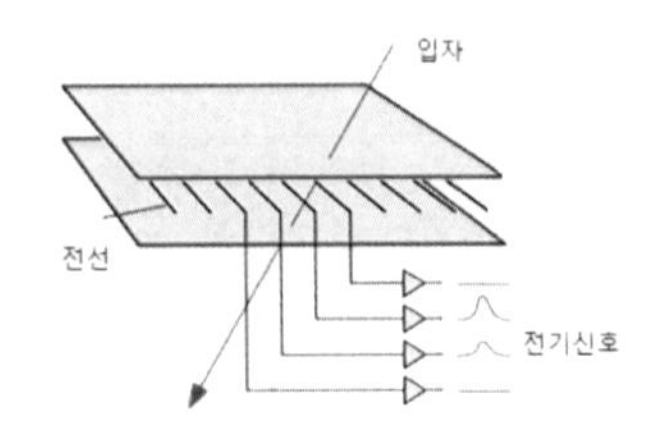

오늘날 핵물리학에서 연구하는 입자의 에너지는 옛날에 비해 수천 배나 증가했다. 그래서 이런 입자의 궤적을 추적하기 위해서는 길이가 100m 이상 되는 엄청난 크기의 안개 상자가 필요했다. 따라서 고속의 입자를 볼 수 있는 새로운 검출기가 필요해졌다.

검출기의 기술에는 크게 두 번의 획기적인 발전이 있었다. 그 첫 번째는 1952년 글레이서(Glaser)에 의한 거품 상자(bubble chamber)의 개발이다. 거품 상자는 끓는 점 근처까지 가열된 액체가 채워진 상자에 어떤 입자가 통과하면 액체가 끓어 거품이 나오고, 거품의 흔적을 통해 입자의 궤적을 추적할 수 있게 만든 장치이다.

두 번째가 바로 1968년 샤르팍(Charpak)의 검출기 개발이다. 거품 상자를 사용한 실험은 한 장 한 장의 사진을 일일이 눈으로 조사해 입자들의 궤적을 추적해야 했다. 그런데 가속기의 발전에 따라 충돌 횟수가 매우 높아져서 거품 상자로는 실험이 매우 힘들어졌다. 1968년 샤르팍은 이런 단점을 보완한 새로운 검출기를 개발했다.

샤르팍이 개발한 검출기는 가스를 채운 금속판 사이에 가는 금속선들을 배열한 상자로 금속판에는 -전압을, 금속선들에는 +전압을 걸어주었다. 검출기에 전기를 띤 입자가 입사하면, 이들 중 +전하를 띤 입자들은 금속판 쪽으로, -전하를 띤 입자들은 금속선 쪽으로 움직여 금속선에 전기 신호를 만들어내게 된다. 특히 금속선에 가까워지면 에너지가 증가해서 큰 전기 신호를 얻어낼 수 있다.

이렇게 얻어진 전기 신호는 금속선에 부착된 증폭기를 거치면서 증폭되고, 여기에 이어진 전자 장치에 의해 디지털 신호로 바뀌어 컴퓨터에 입력된다. 샤르팍의 검출기는 신호가 컴퓨터에 직접 입력되기 때문에, 눈으로 일일이 보지 않고 데이터를 수치적으로 분석할 수 있게 되었다. 샤르팍이 개발한 검출기를 통해 1974년 매혹 쿼크(charm quark)의 발견, 1983년 W 및 Z 입자의 발견 등이 일어날 수 있었다.

쿼크의 발견

물리학상
(1990)

제로미 프리드먼*Jerome I. Friedman*

원자의 이해

1808년 돌턴(Dalton)은 원자론을 주장했다. 돌턴의 원자론에 의하면, 원자는 더 이상 쪼갤 수 없는 가장 작은 알갱이어야 했다. 그러나 1896년 베크렐(Becquerel)은 원자에서 방사선이 나온다는 것을 발견했다. 이를 통해서 원자가 쪼개지지 않는 가장 작은 알갱이라는 것은 더 이상 사실로 받아들일 수 없게 되었다. 더 이상 쪼개지지 않는 알갱이로부터 무엇이 나온다는 것은 있을 수 없는 일이기 때문이다. 그 후 과학자들은 원자 내부가 어떻게 생겼을까? 하는 문제를 고민하게 되었다.

전자를 발견한 톰슨(Thomson)의 제자인 러더퍼드(Rutherford)는 그의 제자 가이거(Geiger), 마르스텐(Marsden)과 함께 알파 입자를 이용한 금박 실험을 했다. 그들은 실험을 통해 알파 입자 20,000개 중 한 개 정도가 매우 큰 각도로 굴절되고, 대부분은 거의 굴절되지 않고 박막을 통과하는 것을 관찰했다. 즉, 양전하의 전부와 질량의 대부분이 밀집되어 있기에, 알파 입자의 극히 일부가 밀집된 영전하에 정통으로 부딪혀서 매우 큰 각도로 굴절한다고 생각했다. 그들의 실험을 통해 영전하들이 밀집되어 있다는 것을 알게 되었는데, 이를 원자핵이라고 했다.

그 후 러더퍼드는 여러 원자들을 가지고 그들의 원자핵 질량을 조사했다. 그때 원자핵의 질량과 원자핵을 구성하는 양성자의 질량이 일치하지 않는다는 것을 알게 되었다. 그리고 양성자의 질량이 원자핵 질량의 약 반 정도에 해당한다는 것을 알았다. 그래서 원자핵 안에는 양성자의 질량과 비슷한 질량을 가지며 전하를 띠지 않는 입자가 양성자와 같은 수만큼 존재한다고 생각했다.

그 후 영국의 채드윅(Chadwick)이 1932년 베릴륨으로 만들어진 얇은 판에 알파선을 충돌시키는 실험을 했다. 그때 전하를 띠지 않는 입자가 튀어나왔는데, 이 입자를 중성자라고 했다. 채드윅의 중성자 발견을 통해 수수께끼로 남아 있던 원자의 구성 물질이 중성자, 양성자, 전자로 되어 있음을 이해하게 되었다.

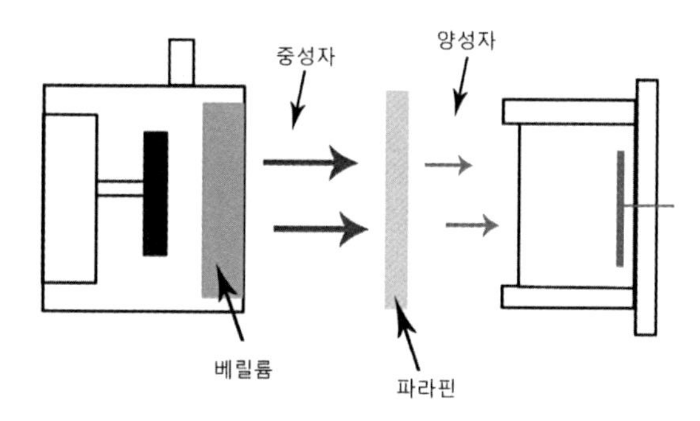

이들의 연구를 통해 기원전 460~370년 데모크리토스(Demokritos)의 원자설 이후 2400여 년 동안 자연계의 기본 물질로 군림해온 원자의 자리에 중성자, 양성자, 전자가 들어서게 되었다. 조금 다른 관점에서 원자 속의 핵과 전자의 크기 관계와 거리를 이해하려면, 원자핵이 축구공이라고 가정하고 서울 시청앞 광장 한가운데 놔두자. 그러면 전자는 수원쯤에 떠다니는 먼지 한 알이다. 그리고 시청부터 수원까지를 반지름으로 하는 이 지역은 축구공과 먼지 한 알이 차지하는 공간을 제외하면 텅 비어 있다. 그래서 원자의 대부분은 빈 공간이다.

원자 모형의 위기

중성자 발견 이후 또 하나의 숙제는 원자핵 속에 들어 있는 양성자들이 전자기력에 의해 서로 밀쳐내지 않고 좁은 공간 내에 머물 수 있는 비결이 무엇인가? 하는 것이었다. 이를 해결한 사람은 유카와(Yukawa)였다. 1935년 그는 원자핵 속에서 양성자와 중성자가 뭉쳐 있는 힘은 질량이 전자와 핵자의 중간 정도인 어떤 입자(중간자)를 끊임없이 주고받는 과정에서 생겨난다고 설명했다.

유카와가 예언한 중간자가 1937년에 실제로 발견돼 강력의 존재가 증명됐다. 그런데 중간자의 발견은 또 하나의 새로운 사실을 알려주었다. 양성자가 중성자로, 중성자가 양성자로 변한다는 사실이었다. 이를 통해 과학자들은 뭔가 더 기본적인 입자들이 있을 것이라고 예측하기 시작했다. 1963년 겔만(Gell-Mann)은 분수전하를 가진 쿼크(Quark)라는 기본 입자를 창안해냈다. 놀랍게도 겔만이 제기한 3가지 쿼크(u, d, s)는 당시까지 발견된 1백여 종의 강입자들을 완벽하게 설명해냈다. 이들의 이론적 예측을 실험으로 보여준 과학자는 프리드먼(Friedman) 등이었다.

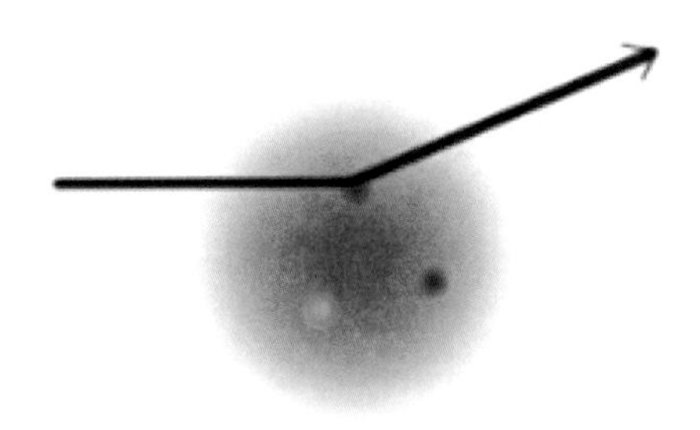

프리드먼 등은 스탠퍼드 선형 가속기 센터(SLAC)에 있는 가속기를 이용하여 극단적인(4 GeV - 21 GeV) 조건에서 양성자와 전자의 충돌에 대해 연구하고 있었다. 그들은 실험에서 충돌 후 심하게 편향되는 전자를 관찰했다. 그들은 1967년 낮은 에너지를 사용한 비슷한 실험에서 양성자가 부드러운 고무공처럼 행동한다는 것을 이미 알고 있었다. 그래서 처음에는 이 결과가 운동하는 전자들이 방출한 빛일 것이라며 회의적으로 생각했다.

그러나 새로운 양성자의 면모를 보여주는 전자의 편향 정도가 기대보다 훨씬 더 큰 각으로 빈번하게 일어났다. 이것은 양성자가 충돌 에너지를 흡수한 후 본래의 모습을 유지하지 못하고 부서지면서, 새로운 기본 입자들을 쏟아내는 현상이었다. 프리드먼 등의 실험을 통해 영성자나 중성자가 기본 입자가 아니라, 양성자나 중성자를 이루고 있는 쿼크가 새로운 기본 입자라는 것을 발견한 것이었다.

중성미자

물리학상
(1988)

레온 레더만*Leon Lederman*

유령입자

1930년대에는 물리, 화학적인 실험 결과, 방사능 물질의 베타 붕괴 전후에는 에너지 보존법칙이 성립되지 않는다는 사실이 불가사의한 일로 꼽혀왔다. 이에 대해 보어(Bohr)는 원자핵과 같은 미시세계에서는 에너지 보존법칙이 성립하지 않을지 모른다고 하여, 에너지 보존법칙이 깨질 위기에 처해 있었다. 그러나 파울리(Pauli)는 이 문제를 해결하는 최후 수단으로 여태껏 보지 못한 중성미자(ν)를 생각해냈다. 베타 붕괴 시에 질량이 0이거나 전자에 비해 훨씬 질량이 적은 입자가 전자와 함께 방출된다고 가정하면, 에너지 보존법칙이 여전히 성립한다고 중성미자의 존재를 이론적으로 예언했다.

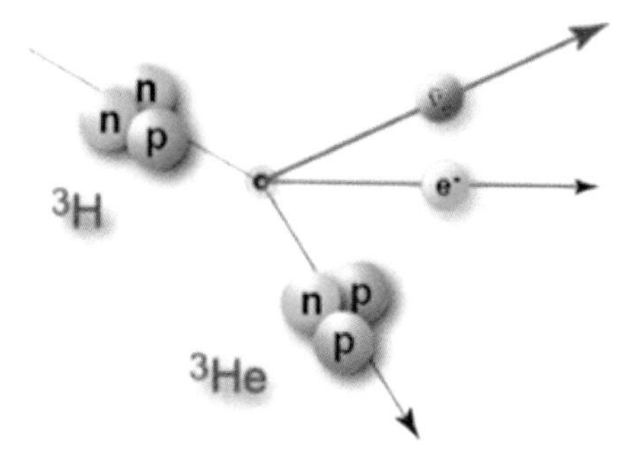

1931년 페르미는 베타붕괴 이론을 정식으로 발표했다. 이때 페르미는 파울리가 말했던 그 입자에 중성미자라는 이름을 붙였다. 이 이론에 의하면, 중성미자는 전하를 띠지 않으며 질량을 지니지 않는 것으로 알려졌을 정도로 지극히 가벼워, 당시의 검출 장치에서 그 존재를 확인하기 어려운 유령 같은 입자였다.

1940년대에 출간된 책 『톰킨스 씨, 원자를 탐험하다(Mr Tompkins Explores the Atom)』에서 가모프(Gamow)는 중성미자를 다음과 같이 묘사하고 있다.

"톰킨스 씨가 꿈에서 방문한 목공예가 작업실에서 잘 닫혀 있지만, 속이 비어 있는 것 같은 궤짝을 발견한다. 그 궤짝에는 '중성미자, 도망가지 않게 조심하시오'라는 주의 표지가 붙어 있었다."

수수께끼의 입자

우주가 탄생하면서 생겨난 중성미자는 눈에 보이지 않으나 우주를 꽉 채우고 있을 정도로 빛 다음으로 많은 입자이다. 현재도 태양의 핵융합 반응으로 방출되는 중성미자가 지구상에서 매초 약 650억 개씩 엄지손톱 면적을 통과하고 있다. 그러나 유령입자로 알려질 만큼 다른 입자와는 거의 상호작용을 하지 않는 성질 때문에 중성미자가 통과하고 있는 것을 전혀 느낄 수 없다. 따라서 과학자들은 중성미자를 검출하거나 성질을 밝히는 데에 항상 어려움을 겪어왔다.

그러나 라이너스(Reines) 등은 중성미자의 존재를 입증하기 위한 실험을 고안했다. 원자로에서 나오는 중성미자를 2개의 물탱크로 향하게 하여, 중성미자가 양성자와 반응해서 중성자와 양전자가 생성되도록 했고, 양전자는 전자와 만나 소멸하면서 감마선을 방출한다고 생각했다. 따라서 그들은 물탱크 사이에 끼워져 있는 검출기에서 감마선 검출을 통해 중성미자의 존재를 간접적으로 입증하려 했다. 그러나 실험만으로는 중성미자의 존재를 단정 짓기 어려웠다.

중성미자의 존재를 확실하게 확인하기 위하여 탱크에 염화카드뮴을 채워넣어 중성자를 탐지하는 두 번째 실험도 고안했다. 그 후 몇 번의 실패 끝에 1956년 페르미가 이야기한 중성미자를 발견했다. 이 실험을 통해 라이너스 이전에는 아무도 알지 못했던 핵반응 과정에서 매우 많은 수의 중성미자가 나오고 있다는 것을 이해하게 되었다.

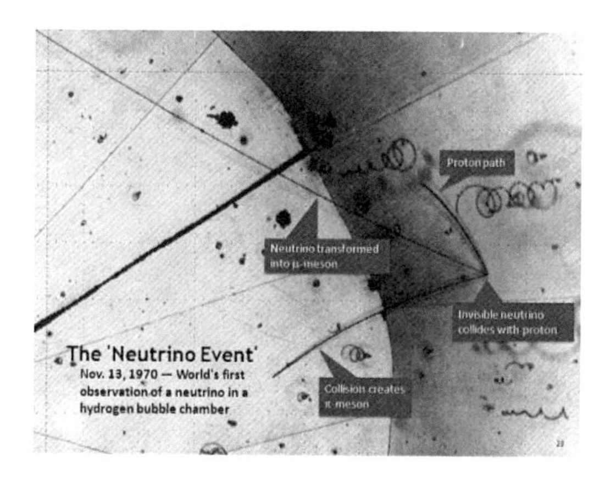

중성미자의 발견은 현대물리학의 획기적인 사건이 되었다. 이 실험은 중성미자 물리학이라는 새로운 연구 분야를 열었다. 그 후 1962년에 레더만(Lederman) 등은 입자 가속기 장치를 이용한 실험에서 인공적인 중성미자 빔을 만드는 데 성공했다. 그로써 자연에는 라이너스가 발견한 중성미자와는 전혀 다른 두 종류의 중성미자가 있다는 것을 밝혀냈다.

현재 중성미자는 전자(e), 뮤온(μ), 타우(τ) 등 3가지 종류가 있다고 알려져 있다. 파울리가 예견한 입자는 전자 중성미자이고, 레더만이 발견한 것은 뮤온 중성미자다. 중성미자의 다른 성질은 거의 정확하게 알려졌지만, 질량은 어느 값보다 적다는 상한값들만 나와 있다. 예를 들면, 전자 중성미자의 질량은 전자 질량의 10만 분의 1보다 클 수 없다. 왜 전자 중성미자는 전자에 비하여 질량이 적을까 하는 궁금증은 아직도 풀리지 않고 있다.

고온 초전도체

물리학상
(1987)

알렉산더 뮐러*Alexander Müller*

초전도체

초전도체가 지닌 독특한 특성인 초전도 현상이란 전기가 흐를 때 저항이 전혀 없는 상태, 즉 영(0Ω)이 되는 것을 의미한다. 초전도체를 이용하면 전기 손실이 없는 원거리 송전이 가능하고, 축전지를 쓰지 않고도 전기를 대량으로 저장할 수 있으며, 강력한 자기장을 내는 전자석도 만들 수 있어 큰 주목을 받아왔다. 따라서 초전도체는 미래의 첨단 과학기술로 꼽히고 있다.

초전도 현상은 1908년 온네스(Onnes)에 의해 우연히 발견되었다. 저온에서 물질에 대한 특성을 연구하던 그는 액체 헬륨을 사용하여 수은의 온도를 절대온도 4.2K, 즉 섭씨 영하 269℃까지 내려보는 과정에서 전기의 저항이 완전히 없어지는 현상을 확인했다. 이것이 초전도 역사의 출발점이다. 그 후 과학이 발달하면서, 특정 물체의 전기 저항이 극저온에서 사라지는 초전도 현상은 과학자들의 흥미를 끌게 되었고, 1957년에 바딘(Bardeen), 쿠퍼(Cooper), 슈리퍼(Schrieffer)에 의해서 초전도 현상은 이론적으로 설명되었다.

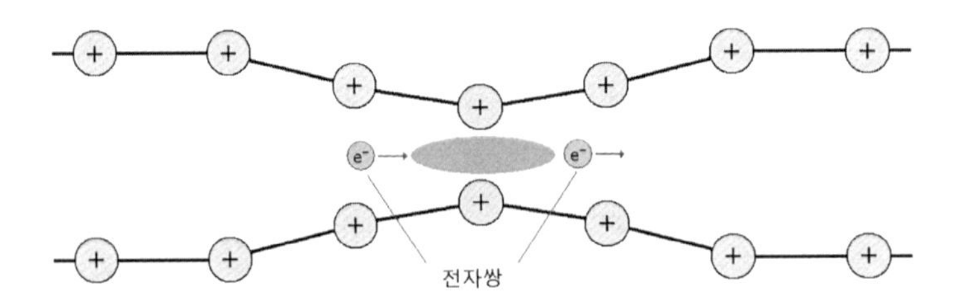

이 이론(Bardeen Cooper Schrieffe, BCS)에 따르면, 임계온도 이하에서는 초전도체 내의 두 전자 간에 인력이 작용함으로써, 이른바 쿠퍼 페어(Cooper pair)라 불리는 전자쌍이 형성된다. 쿠퍼 페어를 이루는 전자쌍은 한 개의 전자가 불순물 등에 충돌하더라도, 또 다른 한 개의 전자가 조정기관 같은 역할을 한다. 그래서 한 개의 전자가 저항을 받아도 쌍으로서는 전기 저항을 받지 않아, 저항이 전혀 없는 초전도 상태를 띠게 된다.

세라믹 초전도체

이후 많은 과학자들이 이 신기한 현상을 가진 물질에 관한 여러 가지 특성을 연구하기 시작했고, 납(Pb), 니오븀(Nb) 등 보다 임계온도가 높은 초전도체를 발견했다. 그러나 원소의 경우 니오븀의 9.2K 임계온도가 최고임이 밝혀졌다. 따라서 과학자들은 원소들로 이루어진 화합물을 만들어 초전도체를 연구하여, 1970년 중반 니오븀게르마늄(Nb3Ge)에서 23K의 임계온도를 얻었다. 그러나 이때까지 60여 년이 걸린 것이다. 즉, 기존 연구 재료의 한계를 느끼고 있었다.

뮐러(Muller) 등은 1985년 페로브스카이트(Perovskite) 산화물의 전기 전도도에 관한 프랑스 연구 논문을 읽다 아이디어를 얻었다. 그들은 페로브스카이트 산화물인 란타늄, 바륨, 및 구리로 만든 세라믹 화합물을 연구하기 시작했다. 당시에 세라믹은 일반적으로 절연체로 여겨지는 만큼 논쟁의 여지가 있었다. 그러나 그들은 이런 생각에 갇히지 않고 란타늄과 바륨의 비율을 변화시키면서 실험을 했다. 그 결과 뮐러 등은 1986년 그때까지 가장 높은 온도인 35K에서 란타늄, 바륨, 구리, 산소(La-Be-Cu-O)을 이용하여 초전도 성질을 가지는 초전도체를 발견했다.

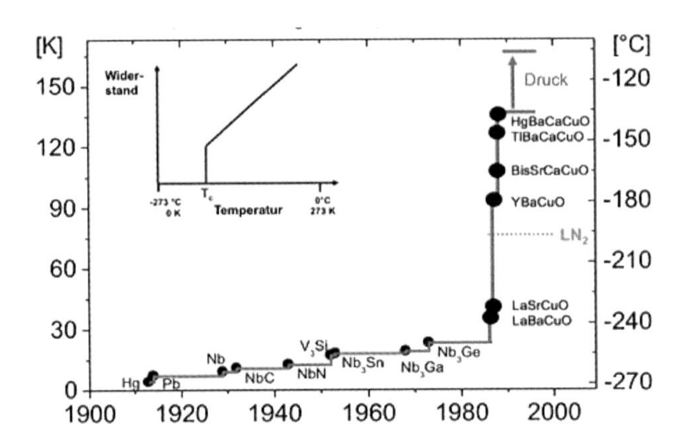

절연체로만 생각됐던 세라믹 합성물인 La-Be-Cu-O의 고온 초전도성의 발견을 통해 고온 초전도체에 대한 높은 관심이 생겼다. 그리고 그로 인하여 고온 초전도체의 발견에 관한 연구가 본격적으로 시작되었다.

전자약력

물리학상
(1984)

카를로 루비아*Carlo Rubbia*

전자기력과 약력

과학에서 중요한 진전은 겉으로 보기에는 연결되지 않은 듯 보이는 현상들이 동일한 원인으로 나타난 결과라는 것을 증명하면서 이루어져 왔다. 뉴턴이 중력을 도입해 사과의 낙하와 지구를 돌고 있는 달의 운동을 설명한 것이 이런 통합의 고전적인 예이다. 전기와 자기는 동일한 힘의 다른 두 가지 측면이라는, 즉, 전자기력에서 비롯된 것이라는 사실이 19세기에 발견되었다.

과학자들이 20세기 초반 10년 동안 원자핵에 대해 연구를 시작했을 때, 입자들 사이에는 중력과 전자기력 말고도 원자핵의 직경 또는 그 이하의 거리에서만 작용하는 힘이 있다는 것을 알게 되었다. 원자핵의 붕괴를 일어나게 하는 약력과, 양성자와 양성자 또는 중성자들 사이에 작용해 원자핵을 이루게 하는 강력이 바로 그것이다. 중력 전자기력과 달리 강력은 원자핵이 뭉쳐 있게 유지하는 힘인 반면, 약력은 원자핵의 베타 붕괴를 일으키는 힘이다.

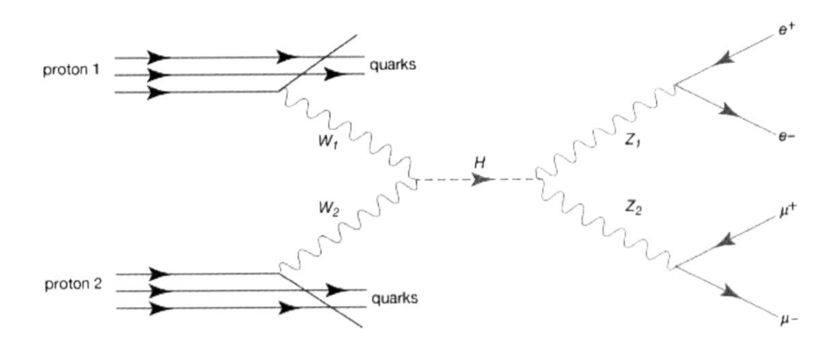

강력은 전자기력과 마찬가지로 핵자와 핵자 사이에서 양성자의 8분의 1 정도 되는 큰 질량을 가진 파이 중간자라는 입자를 주고받음으로써 상호작용을 한다. 파이 중간자의 큰 질량에 의해서 강력은 힘이 미치는 거리가 줄어든 것이다. 많은 과학자들은 약력도 같은 방법으로 기술하고자 했다. 약력이 미치는 범위는 강한 힘(강력)보다 훨씬 더 짧아, 이를 설명하려면 매우 질량이 큰 입자(양성자의 약 80배)를 주고받아야 한다. 그러나 이런 입자를 도입하는 것은 쉽지 않았다.

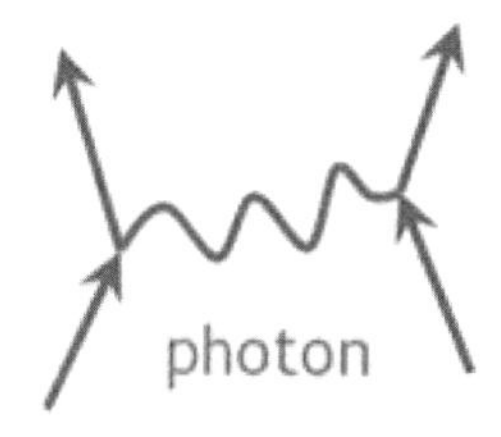

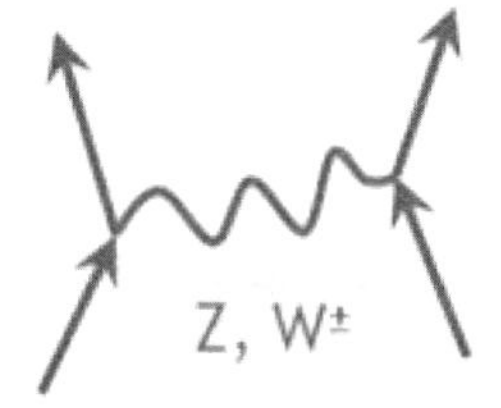

글래쇼(Glashow) 등은 이런 문제를 효과적으로 해결하면서 전자기력과 약력을 통일하는 이론을 연구했다. 그들은 1968년, 아주 가까운 거리에서는 두 힘이 같은 힘이지만, 거리가 멀어지면서 대칭성이 깨지며 전자기력과 약력으로 나뉘는 것을 이론적으로 보여줬다. 그들의 이론에 의하면, 전자기력과 약력 통일을 위해서 전기를 띠는 2개의 입자(W^+, W^-)와 전기를 띠지 않는 2개의 입자(광자, Z)를 주고받는데, 약력에서 주고받는 입자(W^+, W^-, Z)들은 질량을 가지지만, 전자기력에서 주고받는 입자(광자)는 질량을 가지지 않는다고 했다. 그 후 1970년대 초 호프트(Hooft) 등은 글래쇼가 제안한 통합된 전자기약력 이론을 수학적으로 설명할 수 있는 기초를 제공했다.

W입자와 Z입자의 발견

Z입자에 의해 매개되는 경우에 발생할 것으로 예측되는 중성미자에 의한 반응이 1973년 유럽입자물리연구소(CERN)의 가속기 실험에서 확인돼 전자기약력이 받아들여졌다. 그러나 전자기약력의 직접적인 증거는 부족한 상태였다.

CERN에 근무하던 루비아(Rubbia)는 W, Z입자의 존재를 확신하고, 이들 입자를 생성하기에 에너지가 충분하지 않은 양성자 가속기를 양성자-반양성자 가속기로 전환할 것을 제안했다. 반양성자는 빠르게 움직이는 양성자를 정지해 있는 표적(구리 등)에 충돌했을 때, 100만 번 충돌에 1개 정도 나오게 된다.

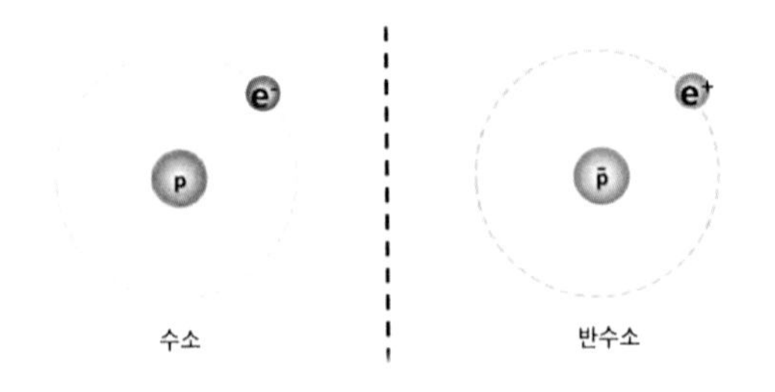

양성자 가속기가 달리던 자동차가 정지된 자동차에 충돌하는 경우라면, 양성자-반양성자의 가속기는 두 대의 달리던 차가 정면충돌하는 경우로 생각할 수 있다. 따라서 양성자와 반양성자를 서로 가속시켜 정면으로 충돌시키면, 같은 에너지의 양성자를 표적에 충돌시키는 경우보다 새로운 입자를 많이 생성할 수 있다. 그러나 반양성자 빔을 만드는 것은 매우 어려운 일이었다. 양성자를 정지 표적에 때려 만들어낸 반양성자 빔이 너무 무질서해서, 잘 모아서 함께 가속시키기가 매우 어려웠다. 그런데 이 문제를 반데미르(van der-Meer)가 성공적으로 해결했다.

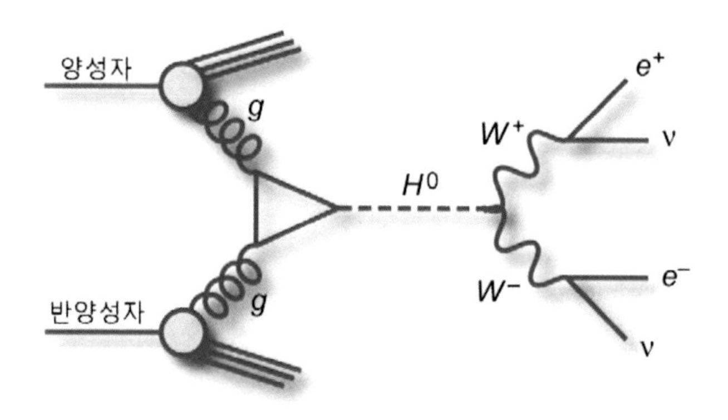

루비아 등은 1983년 양성자-반양성자 가속기 실험에서 예측된 값과 일치하는 W입자와 Z입자를 검출했다. 이로써 전자기력과 약력이 하나임을 실험으로 확인했다. 그리고 이를 통해 W입자와 Z입자가 너무 무겁기 때문에 약력이 약하다는, 약력에 대한 이해의 폭을 넓힐 수 있었다.

우주 대폭발 잔해

물리학상
(1978)

아르노 펜지아스*Arno Penzias*

대폭발

1900년대 초까지 대부분의 과학자들은 우주 나이가 무한의 나이를 가지고 있으며, 우주의 크기가 일정하다고 생각하고 있었다. 뉴턴(Newton), 맥스웰(Maxwell)과 아인슈타인(Einstein)조차도 우주의 크기는 일정하다고 생각했다. 전통적으로 우주는 정적이라고 믿었던 아인슈타인은 일반상대성 이론을 이용하여 정적 우주 모형을 제시하고자 했다. 그런데 일반상대성 이론을 전개하다 보니 우주가 동적이라는 결론이 나왔다. 그러자 아인슈타인은 정적인 우주를 만들기 위해 임의로 아인슈타인 방정식에 우주 상수(Λ)를 넣은 정적 우주 모형을 1917년에 발표했다.

$$\Lambda=(8\pi G/3c^2)\rho$$

그러나 프리드만(Friedmann)은 1922년에 일반상대성 이론을 이용하여 우주는 시간에 따라 수축할 수도 있고 팽창할 수도 있다는 동적 우주 모형을 제시했다. 또 신부이면서 과학자이던 르메트르(Lemaitre)는 1927년 대폭발에 의해서 우주가 탄생되고 대폭발을 통해 시간이 탄생했다는 빅뱅 모형을 제시했다.

이후 허블(Hubble)은 1929년에 여러 은하들의 거리들을 처음으로 측정하고, 이 거리를 은하들의 속도와 비교하여, 은하들의 거리가 커질수록 은하들이 더욱 빠른 속도로 멀어지고 있다는 사실을 발견했다. 이는 바로 우주가 팽창하고 있다는 것을 의미하는 것이며, 르메트르와 프리드만이 제시한 대폭발 이론을 증명하는 최초의 확실한 증거였다. 이를 통해 과학자들은 빅뱅을 사실로 받아들였다.

대폭발의 잔해

1964년 벨연구소에서 대형 통신 안테나를 활용할 방법을 찾고 있던 펜지아스(Penzias) 등은 통신 위성의 신호를 받던 안테나를 전파 망원경으로 개조해 이용하고 있었다. 그런데 그들의 전파 망원경은 우주에서 오는 전파 신호를 받는 데는 문제가 없지만, 너무나 강한 잡음이 섞여 있었다. 이 잡음이 모든 방향에서 감지됐기 때문에 그들은 처음에는 잡음이 우주에서 오는 것이 아니라, 전파 망원경의 이상 때문이라고 생각했다.

잡음의 원인을 찾아내기 위해 안테나를 분해했다가 다시 조립하기도 하고, 망원경의 표면에 묻어 있는 비둘기의 배설물까지 닦아냈다. 하지만 잡음은 사라지지 않았다. 원인을 모른 채 실험 결과만을 확보하고 있던 펜지어스는 학회에서 만난 동료 과학자로부터 프린스턴대학의 디키(Dicke)가 우주에서 오는 잡음과 비슷한 신호를 찾고 있다는 이야기를 들었다.

펜지어스는 디키에게 연락했다. 펜지어스에게서 우주의 모든 방향에서 감지되는 잡음에 대한 이야기를 들은 디키는 곧바로 그것이 바로 자신들이 찾던 우주 배경복사라는 생각을 하게 되었다. 당시에 디키는 우주 배경복사를 확인할 이론은 있었지만, 그것을 뒷받침해줄 증거를 얻지 못한 상태였다. 디키는 벨 연구소에서 함께 작업하면서 잡음의 원인이 초기의 우주 팽창 과정에서 생겨나, 우주의 팽창과 함께 변화되어 현재의 마이크로파로 지구에서 관찰된 것이라는 것을 밝혀냈다. 이를 통해 정적 우주 모형에 관심을 보이는 사람은 점점 줄어들고, 1970년대 초반에 빅뱅이 우주의 탄생을 설명하는 정설로 자리 잡았다.

새로운 소립자

물리학상
(1976)

새뮤얼 팅*Samuel Ting*

기본 입자

역사적으로 데모크리토스는 만물이 연속적이지 않고, 더 이상 나눌 수 없는 알갱이로 만들어졌다고 주장했다. 그는 이 가설적인 알갱이를 원자라고 불렀다. 이후 과학의 발전에 따라 과학적인 과정으로 더 이상 쪼갤 수 없는 알갱이를 원자라고 부르게 되었다.

그러나 톰슨이 전자를 발견함으로써 물리적인 방법으로 원자를 쪼갤 수 있다는 사실이 발견되었다. 러더퍼드는 원자가 전자와 원자핵으로 만들어졌다는 사실을 밝혔으며, 원자핵 또한 양성자와 중성자로 만들어졌다는 사실이 밝혀졌다. 이후 과학자들은 원자가 중성자, 양성자, 전자로 구성된다고 확신했다.

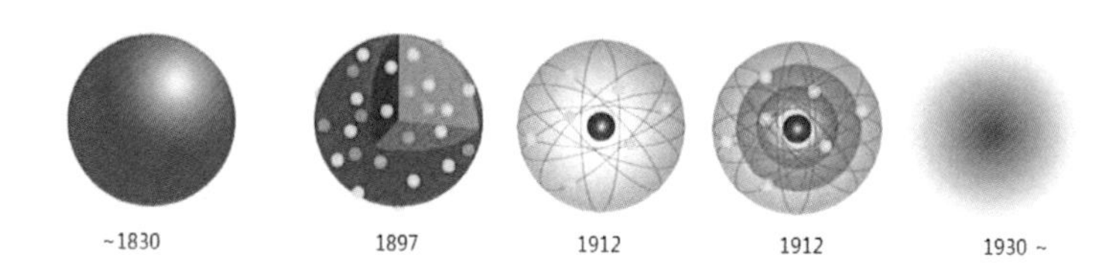

그러나 1960년대 실험을 통해 100여 종에 이르는 많은 소립자가 발견되기 시작했다. 이를 통해 원자를 구성하는 입자들이 많다는 것을 알게 된 과학자들은 뭔가 더 기본적인 입자들이 있을 것이라고 추측하기 시작했다.

J/Psi 입자

1963년 겔만(Gell-Mann)은 당시까지 발견된 100여 종의 입자들을 완벽히 설명할 수 있는 쿼크(quark)란 개념을 창안했다. 겔만은 서로 다른 속성을 가진 세 가지 u, d, s 쿼크를 제안했다. u, d, s 쿼크의 존재는 1969년 스탠퍼드 선형가속기센터에서 있었던 전자와 양성자의 충돌 실험에서 확인되었다. 따라서 3종류의 쿼크로 모든 설명이 가능하다는 학설이 일반적이었다.

팅(Ting)은 '왜 세상에는 3종류의 쿼크만 있을까?'라는 의문을 가지고 연구를 시작했다. 팅은 1974년 브룩헤이븐 국립 연구소(Brookhaven National Laboratory)의 가속기(AGS)를 이용하여 고에너지의 양성자-양성자 충돌을 연구했는데, 특히 충돌 후 나오는 전자-양전자 쌍에 많은 관심을 가지고 있었다. 그러나 실험으로 전자-양전자 쌍을 얻을 확률이 100억 개의 빗방울 중에서 다른 1종류의 빗방울을 찾는 것만큼이나 적었기 때문에, 어떤 연구자나 연구기관도 관심을 기울이지 않았다.

팅의 실험은 초기 단계에서 몇 차례 실패를 겪다가, 그 해 9월 폭이 매우 좁은 피크가 3.1GeV에서 나타나는 것을 발견했다. 이를 이상하게 생각한 팅은 이 피크가 새로운 입자일 거라고 추측하면서도, 검출기의 부정확성으로 인한 잘못된 신호일 가능성도 배제하지 않았다. 이런 이유로 그는 6개월 후에 다시 같은 실험을 하여 결과를 검증하려 했다. 팅이 새로운 피크를 발견한 지 몇 달 후, 아직 팅의 발견이 물리학계에 발표되지 않았을 때, 리히터(Richter)는 스탠퍼드 선형가속기센터에서 전자를 가속시켜 수소원자핵 안에 있는 양성자와의 충돌에서 3.1GeV 근처에서 팅이 발견한 것과 같은 피크를 발견했다. 분명히 새로운 입자였다.

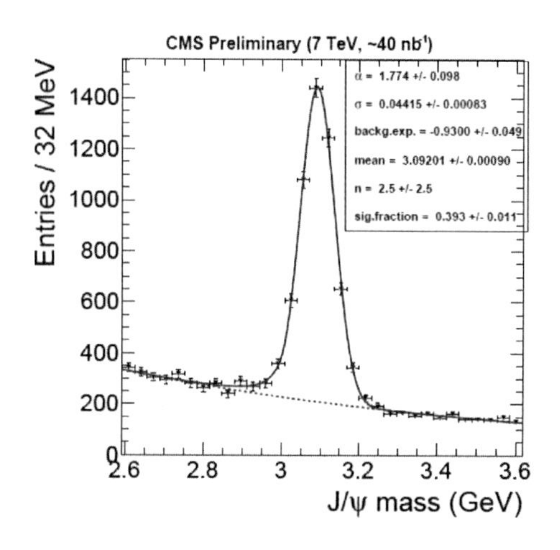

팅은 서둘러 리히터와 같은 날 새로운 입자 발견을 발표했다. 팅은 이 입자를 제이(J) 입자라고 부르고, 리히터는 프사이(Psi)라 불렀다. 그래서 오늘날엔 이 입자를 J/Psi라 부른다. 이 입자는 곧 c쿼크와 반 c쿼크로 이루어진 중간자임이 밝혀졌다. c쿼크는 물질을 이루고 있는 최소 단위인 쿼크의 일종으로서, 원자핵을 이루고 있는 중성자와 양성자의 구성 원소는 아니지만 s쿼크와 쌍이 되어 있는 쿼크이다.

양자 터널 효과

물리학상
(1973)

브레인 조셉슨*Brain Josephson*

터널링 효과

터널 효과는 1920년대 후반에 등장한 양자역학적 현상의 하나로서, 물질이 금지된 영역을 뚫고 갈 수 있는 파동적 속성과 관련지어 붙인 이름이다. 이 현상을 이해하기 위해서 벽을 향해 공을 던지는 상황을 생각해보자. 일반적으로 공은 튀어나오지만, 원리적으로는 가끔 공이 벽을 통해 사라질 수 있다. 그러나 이런 현상을 실생활에서 우리가 관찰하지 못하는 이유는 일어날 확률이 매우 낮기 때문이다.

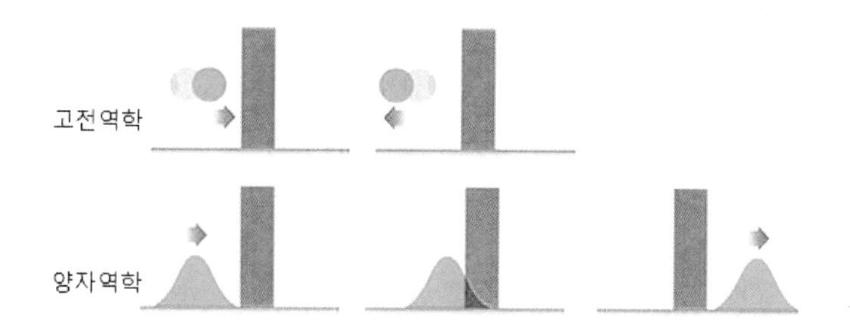

그러나 원자 수준에서 터널 효과는 상당히 흔한 현상이다. 전자와 같은 기본 입자들은 고전적인 입자로 취급할 수 없으며, 입자와 파동의 성질을 모두 가지고 있다. 따라서 전자는 단순한 파동의 중첩을 통해 운동 에너지보다 큰 위치 에너지를 가지는 영역을 터널처럼 통과할 수 있다. 예를 들면, 전자가 얇은 절연막을 향해 금속 내에서 빠른 속도로 움직일 때, 전자 중 일부분은 터널 효과에 의해 장벽을 투과하여, 장벽 반대쪽에서 약한 터널 효과 전류가 흐르고 원자핵이 알파 입자를 방출하는 알파 붕괴를 들 수 있다. 알파 붕괴가 일어날 때 알파 입자는 자신의 운동 에너지보다 훨씬 큰 포텐셜 장벽을 뚫고 핵 밖으로 방출된다.

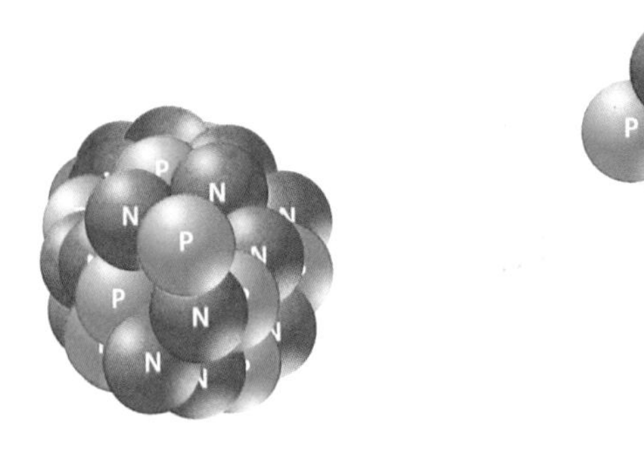

알파 붕괴의 과정은 원자핵 속에 갇혀 있는 알파 입자가 핵력과 전자기력으로 이루어진 포텐셜 장벽을 양자역학적인 터널 효과로 뛰어넘는다는 생각에 입각한 가모-콘든-거니(Gamow-Condon-Gurney)의 이론으로, 고체에서 일어나는 현상 일부를 터널링으로 설명할 수 있었다. 그러나 이론과 실험이 종종 일치하지 않는다는 결과가 보고되었고, 이를 설명할 수 있는 과학적 이론의 진전이 이루어지지 않았다. 따라서 과학자들은 1930년대 초기에 고체의 터널 효과에 더 이상 흥미를 갖지 않게 되었다.

반도체 초전도체의 터널 효과

1947년 트랜지스터 효과가 발견되면서 터널 효과에 대한 새로운 관심이 촉발되었다. 반도체에서 터널 효과를 관찰하기 위한 많은 시도들이 있었다. 하지만 논쟁의 여지가 있는 결과일 뿐 결정적인 증거는 없었다.

1957년 에사키(Esaki)는 매우 단순한 실험을 하는 과정에서 수십 년간 해결되지 않은 고체 내 전자 터널링에 대한 실험적 증거를 얻었다. 즉, p-n 접합 다이오드의 n형과 p형에 불순물의 농도를 1019/㎤ 정도 이상으로 높여주면 전압은 증가하는데, 전류는 일단 늘어나서 마루를 이루었다가 줄어들어 골이 되고, 다시 늘어나 보통의 다이오드 특성에 가까워지는 현상을 발견했다. 전류의 마루가 형성되는 까닭은 불순물이 많이 들어 있어서 접합부의 장벽이 얇아지고 양자역학적인 터널 효과에 의해 전류가 흐르기 때문이다.

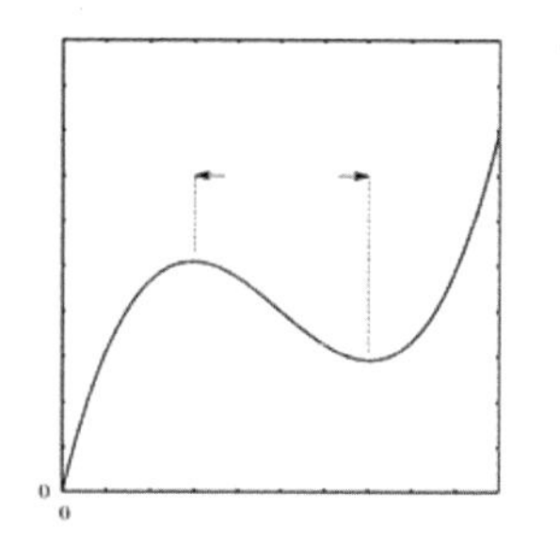

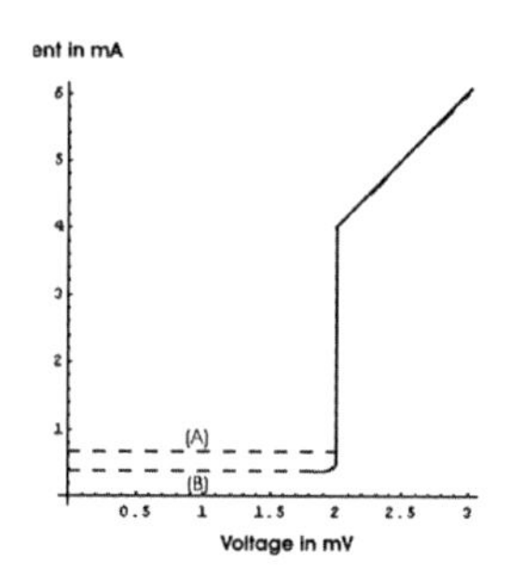

이후 1960년에 예이베르(Giaever)는 초전도체와 초전도체 사이에 전류가 흐르지 못하는 부도체를 끼워넣은 실험에서도 전류가 흐르는 전자의 터널링을 관측했다. 그러나 전자만 터널링할 수 있고 쿠퍼쌍은 터널링할 수 없다고 믿고 있던 당시의 과학자들은 이 실험 결과를 이론적으로 설명할 수 없었다. 그러나 조셉슨(Josephson)은 과학자들의 연구 결과에 대해 의문을 가지고 초전도 현상의 근원이 되는 쿠퍼쌍도 터널링할 수 있다고 생각했다. 전자가 터널링을 하는데, 쿠퍼쌍이라고 터널링을 못 할 이유가 무엇인가?

1962년 조셉슨은 두 개의 초전도체 사이에서 초전도체의 전자가 특수한 쌍(쿠퍼쌍)을 이루어 절연막을 통과하는 터널 효과 현상을 이론적으로 설명했다. 조셉슨의 이론에 의하면, 초전도체가 아닌 매우 얇은(㎚) 물질을 사이에 두고 두 개의 초전도체가 격리되어 있을 경우(조셉슨 접합), 직류 전류를 흘려보낼 때, 한계 전류까지는 절연막이 있음에도 불구하고 초전도체 사이에 전압이 발생하지 않고 직류 전류(조셉슨 효과)가 흐른다. 그런데 직류 전류가 한계 전류를 넘으면, 초전도체 사이에 전압이 생겨 교류 전류(교류 조셉슨 효과)가 흐르게 된다. 그의 이론은 앤더슨(Anderson) 등의 실험을 통해 확인되었다.

조셉슨 접합에서 발생하는 전류의 변화를 통해 아주 작은 자기장도 감지할 수 있다. 따라서 이를 이용하면 신경이나 근육의 흥분으로 생기는 작은 전류가 만드는 미세한 자기장의 검출이 가능하게 되었다.

참고 사이트

- https://www.nobelprize.org/nobel_organizations/nobelfoundation/
- http://alexnicasrp.blogspot.kr/2016/03/general-immune-system-part-1.html
- http://slideplayer.com/slide/1708485/7/images/6/Innate+Immunity+Outside+of+cell+Cell+surface.jpg
- https://i.pinimg.com/originals/5f/6b/8c/5f6b8c4fcbd0c47a8536deb0e1b518f2.jpg
- http://www.gemvax.com/en/img/clinical02_01_img.jpg
- http://book.bionumbers.org/how-big-are-viruses/
- http://icanhasscience.com/basics/the-machinery-of-retroviruses-part-1-what-is-a-retrovirus/
- http://www.matematiksel.org/wp-content/uploads/2016/12/gen-1.jpg
- https://www.yourgenome.org/facts/what-is-a-stem-cell
- http://www.ihcoedu.uobaghdad.edu.iq/uploads/College%20Activities/The%20Gene%20Silencing/5.gif
- http://images.slideplayer.com/39/10843589/slides/slide_7.jpg
- http://personalpages.manchester.ac.uk/staff/J.Gough/lectures/the_cell/cell_cycle/control2.jpg
- https://upload.wikimedia.org/wikipedia/commons/c/c8/Blausen_0055_ArteryWallStructure.png
- https://www.nobelprize.org/nobel_prizes/medicine/laureates/1998/illpres/sandwich.jpg

• http://www.vibrantmedical.co.uk/wp/wp-content/uploads/2011/01/diagram2.jpg
• http://www.mdpi.com/1999-4915/4/11/2650/htm
• http://www.virology.ws/2015/04/23/retroviral-influence-on-human-embryonic-development/
• http://www.wikiwand.com/de/Hox-Gen
• https://d2gne97vdumgn3.cloudfront.net/api/file/eSXjJFoMTaK9n-wBYGYhc
• https://confluence.crbs.ucsd.edu/display/CS/Animal+Cell+versus+Plant+Cell
• https://www.broadinstitute.org/files/news/stories/full/Oncogene_full2.jpg
• https://distillery.com/blog/implementing-human-brain-exploring-
• potential-convolutional-neural-networks/
• http://www.monospektra.com/positioning/applications/drives-posi•tioning-systems-electron-microscopes/
• http://courses.washington.edu/conj/gprotein/trimericgp.htm
• https://www.quizover.com/microbiology/course/10-1-using-microbiology-to-discover-the-secrets-of-life-by-openstax?page=7
• https://www.news-medical.net/life-sciences/DNA-Translation-(Dutch).aspx

- http://ib.bioninja.com.au/higher-level/topic-7-nucleic-acids/73-translation/ribosomes-and-trna.html
- https://hpsrepository.asu.edu/bitstream/handle/10776/11400/OImageGFPAG.jpg
- https://www.quantumdiaries.org/2011/10/02/grab-your-computer-grab-your-headphones-and-pop-the-popcorn/
- https://www.elitenetzwerk.bayern.de/uploads/tx_templavoila/Bild4_01.jpg
- https://www.mycancergenome.org/content/molecular-medicine/pathways/protein-degradation-ubiquitination
- https://hackyourgut.com/2016/10/31/why-you-need-to-understand-fat-solubility-to-heal-your-gut/
- http://lab.rockefeller.edu/mackinnon/
- https://commons.wikimedia.org/wiki/File:2625_Aquaporin_Water_Channel.jpg
- https://ars.els-cdn.com/content/image/1-s2.0-S0005272802001858-gr1.jpg
- https://www.nobelprize.org/nobel_prizes/chemistry/laureates/1995/b1.gif
- https://www.canada.ca/en/environment-climate-change/services/air-pollution/issues/ozone-layer/depletion-impacts/about.html

- https://www.greenoptimistic.com/heal-ozone-hole-2050-world-ozone-day-20160916/
- https://d2gne97vdumgn3.cloudfront.net/api/file/EngGRRoQSumIh-M7xvgdF
- https://www.creative-biostructure.com/x-ray-crystallography-platform_60.htm
- http://emboj.embopress.org/content/21/15/3927
- http://www.pinsdaddy.com
- https://www.japantimes.co.jp/news/2015/10/07/national/science-health/nobel-prize-honors-work-elusive-cosmic-particle/#.Wn7Gcp-3FKvE
- http://www.endlessgyaan.org/wp-content/uploads/2017/10/d11-1280x640.png
- https://i0.wp.com/upload.wikimedia.org/wikipedia/commons/a/a1/Blackbody-lg.png
- https://sciencenode.org/spotlight/nobel-prize-goes-quantum-computing-pioneers.php?page=1
- http://sinsofmadness.blogspot.kr/2014/04/positive-vs-negative-curvature.html
- http://3.bp.blogspot.com/-DcdtL6Ca1Xc/TeFcz4hXwaI/AAAAAAAAAA0/Fa9jQIICW1I/s1600/2.JPG

• http://www.physicscentral.com/explore/action/magnetoresistance.cfm
• https://ned.ipac.caltech.edu/level5/Sept02/Kinney/Figures/figure3.jpg
• https://s3.amazonaws.com/liberty-uploads/wp-content/uploads/sites/1546/2017/05/cobe-bb-cmbr.png
• https://www.rp-photonics.com/mode_locking.html
• https://jila.colorado.edu/research/optical-frequency-combs
• https://journals.aps.org/prl/abstract/10.1103/PhysRevLett.45.494
• http://inspirehep.net/record/857391/plots
• https://i.ytimg.com/vi/BhqAjjik6Lg/maxresdefault.jpg
• https://www.researchgate.net/figure/Double-quantum-vortex-in-superfluid-^{3}He-A-and-its-nuclear-magnetic-resonance_fig4_12554429
• https://1234higgs.files.wordpress.com/2012/09/quark_zoom.png
• http://philosophyofscienceportal.blogspot.kr/2013/03/deceased-donald-arthur-glaser.html
• http://www.sciencetimes.co.kr/wp-content/uploads/2016/07/사본-D37_거품 상자를_이용한_중성미자의_검출.jpg
• http://large.stanford.edu/courses/2007/ap272/chen1/